《オールカラー》

OpenCV

による

Introduction to Image Processing
with OpenCV, 3rd edition.

画像処理入門

小枝正直・上田悦子・中村恭之［著］

改訂第3版

JN047349

講談社

まえがき

　初版から 8 年，第 2 版から 5 年が経ち，累計して約 15000 部を読者に届けることができた．本書に興味を持ち，手に取っていただいた方々や，本書を教科書として採用して頂いた多くの先生方に対して，まずは心から御礼申し上げたい．

　従来，画像処理の用途は生産ラインでの外観検査やデジタルカメラの画像補正など産業分野や研究分野での利用が主であった．しかし近年，カメラ・映像関連技術は劇的に変化した．高性能 CPU と高解像度カメラ，高速な通信機能を併せ持つスマートフォンが普及し，誰でもどこでも，写真・動画を撮影し，その場でインターネットにアップロードできるようになった．また，スマートフォンにも距離カメラが搭載されるようになり，環境の 3 次元モデルがリアルタイムに生成できるようになった．さらに，AI を用いた全身動作の認識が可能になり，バーチャル YouTuber も現れるなど，画像処理を用いたアプリケーションが爆発的に増加した．

　OpenCV は画像処理用関数が多数実装された非常に強力なライブラリである．オープンソースでマルチプラットフォーム，さまざまなプログラミング言語から簡単に利用できるという利点から，企業から個人まで幅広く利用されている．その一方で，処理のブラックボックス化により，その根幹にある数学的理論やアルゴリズムを理解する機会が失われ，単に動けばよしとする向きも一部で見られる．筆者らはこの現状を大いに危惧している．

　20 年以上も前から開発が続いている OpenCV は，この種のライブラリとしては珍しく長期間利用されている．これまでに幾度も大きな改変がなされており，新しい機能の追加も積極的に行われている．OpenCV を用いたプログラムに関する情報はインターネット上に膨大に存在するが，古い情報が整理されないまま残り，新しい情報と混在している状況にある．プログラミング上級者にはこれらの見分けはたやすいが，初学者には極めて難しく，大きな混乱を招いていることが残念でならない．

　本書は，理数科高校生，工業高等専門学校生，大学学部生などを対象とした講義用教科書としての利用を想定し，基本的かつ汎用性の高い画像処理アルゴリズムを選定して解説した．また初学者が独学でも学べるように，開発環境の構築方法，トラブルシューティングなどの詳細な手順を載せている．本書ではまず，画像処理アルゴリズムについて解説し，内部で行われる処理が十分に理解されることに重点を置いている．その後，C 言語での実装例を並べて表記し，各アルゴリズムがどのようにコーディングされるのかを解説する．さらに，OpenCV の関数を用いたプログラム（Python，C++ 言語）も併記し，OpenCV の利用方法を説明する．

　今回，第 3 版に改訂するにあたり，読者からのさまざまなコメントや，我々が本書を用いて講義してきた経験をもとに，内容の理解がより促進されるように章立てを整理し，読者がより興味を惹くよ

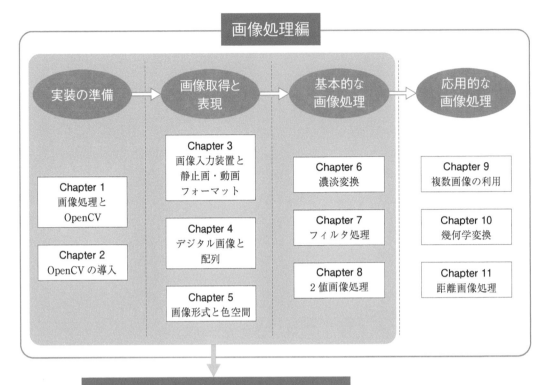

図1　本書の構成

うな内容に変更した．執筆時点における最新の開発環境に対応するため，OpenCV4系を採用し，Windows11とmacOS上での開発環境の構築について詳細な解説を加筆した．さらに，OSに依存しないGoogle Colaboratoryを用いたプログラム作成方法も加筆した．一方，情報処理技術者試験の試験要綱が2022年4月から更新され，擬似言語の記述形式が大幅に変更され，プログラムの記述方法がC言語と同等になった．そのため，第2版まで記載していた古い記述形式の擬似言語を用いたプログラムは削除することにした．

　本書の各章の関係を図示すると図1のようになる．1章から8章までは画像処理の基礎的な内容，9章以降は応用的な内容となっている．読者の目的やレベルに合わせて適宜選択して学んでほしい．

　本書が画像処理とOpenCVを学ぶ人たちのよりよい入門書となり，画像処理技術を活用できる人材育成の一助となることを願っている．

2022年12月

筆者一同

各章の概要

Chapter 1　画像処理と OpenCV
身近に存在する画像処理とヒトの視覚機能について解説する．また，OpenCV の概要について述べる．

Chapter 2　OpenCV の導入
Windows OS と macOS への OpenCV のインストールと開発環境の構築などについて説明する．また Google Colaboratory での OpenCV の導入方法についても解説する．

Chapter 3　画像入力装置と静止画・動画フォーマット
カメラの構造やデータ処理の流れ，カメラが取り込んだ光の情報を変換するためのいくつかの方式について解説する．また，静止画・動画のフォーマットについて解説する．さらに，さまざまな動画撮影機器と映像インタフェースについても解説する．

Chapter 4　デジタル画像と配列
画像のデジタル化の手順とデジタル画像の内部構造について解説する．また，OpenCV を使った基本的なプログラムについても解説する．

Chapter 5　色空間
さまざまな色空間，それらの色空間の変換方法について解説する．

Chapter 6　濃淡変換
画像のヒストグラムについて述べ，さまざまな画像処理によるヒストグラムの変化について解説する．また，濃淡画像を 2 値画像に変換する擬似濃淡処理についても解説する．

Chapter 7　フィルタ処理
画像のノイズ除去やエッジ検出，鮮鋭化を行うためのフィルタ処理について解説する．

Chapter 8　2 値画像処理
2 値画像の生成とマスク処理，モルフォロジー演算によるノイズ除去について解説する．また，2 値画像内に存在するブロブの形状特徴を求める方法についても解説する．

Chapter 9　複数画像の利用
複数枚の画像を利用した特殊効果や特定領域の抽出手法について解説する．

Chapter 10　幾何学変換
画像の幾何学変換と，その際に重要となる再標本化，補間法について解説する．また，アフィン変換や射影変換についても解説する．

Chapter 11　距離画像処理
距離カメラの構造や計測原理，距離カメラから得られる距離画像に対するさまざまな画像処理について解説する．

付録
OpenCV の描画機能やビルド方法，メインモジュールの機能について解説する．

謝辞

中村恭之先生，上田悦子先生，長きに渡って一緒に執筆させていただけていることに感謝いたします．両先生の気さくな人柄と，いい本を作りたいという強い信念に支えられ，ここまでやってこれました．一冊の本としてまとめる作業はいつも大変ですが，一緒に推敲していく作業はちょっと楽しみでもあります．累計10万部と海外進出を目標に，これからもご協力よろしくお願いいたします．

息子のハル，夜のZoom会議でたくさんの癒やしをくれてありがとう．おまたせ，やっと完成したで．さあいっぱい遊ぼ．最後に妻の久美子，いつも気遣い，励まし，最高の笑顔で元気と勇気を与えてくれてありがとう．心より感謝しています．これからもよろしく．

2022年10月

小枝正直

一緒に執筆させていただきました小枝正直先生，中村恭之先生には本当にお世話になりました．お二方のアドバイスや，3人でのディスカッションにより，本書ができあがりました．お二方に引っ張っていただけたからこそ，私もここに筆者として名を連ねることができたと言えるでしょう．これからもよろしくお願いいたします．

奈良先端科学技術大学院大学時代の後輩 怡土順一さんには，OpenCV.jp に掲載されているサンプルプログラムやリファレンスマニュアル日本語訳の使用を快諾いただきました．思えば彼が発案し，小枝先生と東海大学 竹村憲太郎先生を含めた4人で OpenCV.jp を立ち上げたことが，OpenCV と私のつながりの始まりでした．あのとき大きなチャンスの種をもらったことに今でも感謝しています．ありがとう．

職場の同僚，教え子たち，励ましてくださるすべての友人・知人，そして私の仕事に対する思いを理解し応援してくれている家族に，心から感謝の言葉を贈ります．ありがとうございます．これからも笑顔で応えていきたいと思います．

2022年10月

上田悦子

　本書の執筆は，共著者である小枝正直先生，上田悦子先生からのお誘いがあったため実現できたものです．また，両先生には，初版からこの版までの間，作成した私の担当部分の予稿を閲読して頂き，助言や提言をいただいたこと，本当に感謝しています．両先生は，私にとって，かけがえのない大きな財産です．

　初版の頃から，ここ約 10 年間の間に，家族構成や家族の生活環境に，さまざまな変化がありましたが，自身は相変わらずの単身赴任生活でした．近頃は，週末自宅に帰ったときには家族の用事を最優先に実行し，仕事は平日のみとメリハリをつけていました．それでも，やはり，仕事の動機づけになるのは，仕事は私の一番の理解者である家族のためという思いでした．妻の美代子，息子の賢に，これからもずっと心からの愛情と感謝を捧げます．

2022 年 10 月
中村恭之

目次

OpenCV による画像処理入門　改訂第 3 版

まえがき iii

Chapter 1 画像処理と OpenCV

1.1 身近にあるカメラと画像処理 1
1.2 ヒトの感覚器官 3
1.3 ヒトの視覚 5
1.4 画像処理とコンピュータビジョン 7
1.5 OpenCV 7

Chapter 2 OpenCV の導入

2.1 Windows で OpenCV を使う 11
   2.1.1　C++ 言語で開発する 11
   2.1.2　Python 言語で開発する 22
2.2 Mac（macOS）で OpenCV を使う 27
   2.2.1　Homebrew のインストール 27
   2.2.2　Visual Studio Code のインストール 28
   2.2.3　OpenCV のインストール 28
   2.2.4　C++ 言語での開発環境 28
   2.2.5　Python 言語での開発環境 32
2.3 Google Colaboratory で OpenCV を使う 34
   2.3.1　Google Colaboratory 34
   2.3.2　Google Colab の使い方 36
   2.3.3　Google Colab における Python コードの実行方法 38
   2.3.4　Google Colab における OpenCV の利用方法 39
   2.3.5　Google Colab で画像ファイルを読み込むための準備 39
   2.3.6　Google Colab における OpenCV の関数による画像ファイルの表示 41
   2.3.7　Google Colab における PC に搭載されたカメラで取得した動画像の表示 43

Chapter 3 画像入力装置と静止画・動画フォーマット

3.1 画像入力装置 47
   3.1.1　デジタルカメラ 47
   3.1.2　イメージスキャナ 52
   3.1.3　RGB-D カメラ 53

	3.2	画像入力のための前処理	54
		3.2.1 標本化・量子化	54
		3.2.2 エリアイメージセンサからの色情報の取得	54
	3.3	画像ファイルの生成	57
	3.4	動画ファイルの生成	60
	3.5	さまざまな動画撮影機器と映像インタフェース	64

Chapter
4 デジタル画像と配列

	4.1	画像のデジタル化	69
	4.2	さまざまな bit 深度の画像	71
	4.3	デジタル画像の座標系	72
	4.4	画像ファイルフォーマット：PGM ファイルフォーマット， PPM ファイルフォーマット	73
	4.5	デジタル画像と配列	75
	4.6	OpenCV での画像の扱い	77
	4.7	C++ 言語における OpenCV ひな形プログラム	79
	4.8	Python における OpenCV ひな形プログラム	83

Chapter
5 色空間

	5.1	さまざまな色空間	87
		5.1.1 RGB 色空間	87
		5.1.2 プログラム例：カラー画像の各画素の RGB 値を入れ替える	88
		5.1.3 YUV 色空間，YCbCr 色空間	89
		5.1.4 HSV 色空間	90
	5.2	色空間の変換	91
		5.2.1 RGB から YUV への変換	92
		5.2.2 YUV から RGB への変換	92
		5.2.3 RGB から YCbCr への変換	92
		5.2.4 YCbCr から RGB への変換	92
		5.2.5 RGB から HSV への変換	92
		5.2.6 HSV から RGB への変換	93
		5.2.7 プログラム例：RGB から HSV への変換	94
	5.3	RGB からグレースケールへの変換	95

Chapter
6 濃淡変換

	6.1	濃淡画像	97
	6.2	ヒストグラムを用いた濃淡変換	97
		6.2.1 ヒストグラム	97
		6.2.2 プログラム例：ヒストグラムを描画する	99
		6.2.3 ヒストグラム均一化	102
		6.2.4 プログラム例：ヒストグラム均一化	102

6.3	トーンカーブによる濃淡変換	105
6.3.1	トーンカーブ	105
6.3.2	折れ線型トーンカーブ	105
6.3.3	ガンマ変換	106
6.3.4	プログラム例：ガンマ変換	107
6.3.5	ネガポジ変換	111
6.3.6	プログラム例：ネガポジ変換	112
6.3.7	ソラリゼーション	113
6.3.8	ポスタリゼーション	114
6.3.9	擬似カラー処理	114
6.3.10	明度調整	115
6.3.11	プログラム例：明度調整	115
6.3.12	コントラスト低減	117
6.3.13	プログラム例：コントラスト低減	118
6.3.14	コントラスト強調	119
6.3.15	プログラム例：コントラスト強調	120
6.4	擬似濃淡変換	122
6.4.1	擬似濃淡変換とは	122
6.4.2	ランダムディザリング	122
6.4.3	誤差拡散ディザリング	123
6.4.4	組織的ディザリング	124
6.4.5	プログラム例：ランダムディザリング	124
6.4.6	プログラム例：誤差拡散ディザリング	124
6.4.7	プログラム例：組織的ディザリング	125

Chapter
7 フィルタ処理

7.1	空間フィルタ処理	129
7.2	平滑化フィルタ処理	130
7.2.1	平均化（移動平均）オペレータ	130
7.2.2	加重平均オペレータ	131
7.2.3	プログラム例：平均化オペレータを用いた画像平滑化	132
7.2.4	バイラテラルオペレータ	133
7.2.5	プログラム例：Gaussian オペレータとバイラテラルオペレータを用いた画像平滑化	133
7.2.6	中央値フィルタ処理	134
7.2.7	プログラム例：中央値フィルタ処理による画像平滑化	135
7.3	エッジ検出フィルタ処理	136
7.3.1	微分オペレータ	136
7.3.2	Sobel オペレータ	139
7.3.3	プログラム例：Sobel オペレータを用いたエッジ検出	140
7.3.4	2 次微分オペレータ（Laplacian オペレータ）	141
7.3.5	プログラム例：2 次微分オペレータを用いたエッジ検出	143
7.4	鮮鋭化フィルタ処理	144
7.4.1	画像鮮鋭化	144
7.4.2	プログラム例：鮮鋭化フィルタ処理	146

Chapter 8　2値画像処理

8.1　2値化処理 149
- 8.1.1　2値化処理（閾値処理）とは 149
- 8.1.2　プログラム例：閾値処理による2値化 150

8.2　マスク処理 152
- 8.2.1　マスク処理とは 152
- 8.2.2　プログラム例：マスク処理 152

8.3　膨張・収縮処理 153
- 8.3.1　膨張・収縮処理とは 153
- 8.3.2　プログラム例：膨張・収縮 155

8.4　オープニング・クロージングによるノイズ除去 158
- 8.4.1　オープニング・クロージング処理 158
- 8.4.2　プログラム例：オープニング・クロージングによるノイズ除去 158

8.5　形状特徴パラメータ 161
- 8.5.1　外接長方形と縦横比 161
- 8.5.2　プログラム例：外接長方形と縦横比 161
- 8.5.3　面積，周囲長，円形度 163
- 8.5.4　プログラム例：面積，周囲長，円形度 164
- 8.5.5　重心と主軸角度 167
- 8.5.6　プログラム例：重心と主軸角度 168

8.6　ラベリング処理 170
- 8.6.1　ラベリング処理とは 170
- 8.6.2　プログラム例：ラベリング 171

Chapter 9　複数画像の利用

9.1　画像間演算 175
- 9.1.1　アルファブレンディング 175
- 9.1.2　プログラム例：平均値画像の生成 176

9.2　マスク合成 177
- 9.2.1　マスク合成の手順 177
- 9.2.2　プログラム例：マスク合成 179

9.3　背景差分 182
- 9.3.1　背景差分の手順 182
- 9.3.2　プログラム例：背景差分 183

9.4　フレーム間差分 185
- 9.4.1　フレーム間差分の手順 185
- 9.4.2　プログラム例：フレーム間差分 186

Chapter 10　幾何学変換

10.1　線形変換 189
- 10.1.1　拡大・縮小 190

10.1.2	回転	190
10.1.3	鏡映変換（線対称移動）	191
10.1.4	せん断変形	192

10.2 画像の再標本化と補間 193
10.2.1	最近傍法	194
10.2.2	双 1 次補間法	195
10.2.3	双 3 次補間法	196
10.2.4	プログラム例：幾何学変換と補間	198

10.3 同次座標の導入 201

10.4 アフィン変換と射影変換 201
10.4.1	アフィン変換	201
10.4.2	プログラム例：アフィン変換	203
10.4.3	射影変換	207
10.4.4	プログラム例：射影変換	208

Chapter 11 距離画像処理

11.1 TOF 型カメラ 211
11.1.1	TOF 型カメラの距離計測原理の基礎	211
11.1.2	CW 強度変調法	212
11.1.3	行列型 TOF カメラと距離画像の生成	214
11.1.4	TOF 型カメラ使用上の注意	217

11.2 パターン投影型カメラ 217
11.2.1	パターン投影型カメラの距離計測原理の基礎	217
11.2.2	パターン投影型カメラの Light coding 技術	220
11.2.3	パターン投影型カメラの使用上の注意	223

11.3 さまざまな距離画像処理 224
11.3.1	距離画像の取得	225
11.3.2	距離画像のカラー画像表示	226
11.3.3	プログラム例：HSV 色空間を用いた距離画像のカラー画像表示	226
11.3.4	セグメンテーション（領域分割処理)	228
11.3.5	プログラム例：セグメンテーション	228
11.3.6	距離画像の等高線抽出	229
11.3.7	プログラム例：等高線抽出	230
11.3.8	ラベリング処理	231
11.3.9	プログラム例：ラベリング処理	232
11.3.10	3 次元プロット	234
11.3.11	プログラム例：3 次元プロット	236

付録 A OpenCV の描画系関数 239

付録 B OpenCV をソースからビルドする 242

付録 C OpenCV メインモジュール概説 245

索引 246

## Chapter 1

画像処理と OpenCV

多くのカメラが身近に存在しているが気づいているだろうか．カメラから得られた映像を単に記録するだけでなく，映像に対して画像処理を施すことによって，文字や物体の認識，芸術性や視覚効果の付加など，より高度な作業が可能になる．本章では，まず身の回りにあるカメラシステムについて解説する．次に，ヒトの五感の概要と，視覚特性について解説する．最後に，画像処理の簡単な歴史と画像処理ライブラリについて解説する．

1.1 身近にあるカメラと画像処理

昨今のスマートフォンには高性能コンピュータと高解像度カメラが搭載されている．背面と前面，広角とズームなど，複数個のカメラが搭載されることも当たり前となり，距離カメラが搭載されたものも珍しくない．ここではまず，カメラを使って高度な画像処理を行うスマートフォンアプリをいくつか紹介し，その中身で行われている処理について考えてみる．

▶ Instagram

Instagram は写真や動画の投稿が多い SNS（ソーシャルネットワーキングサービス）である．Instagram のアプリには，投稿する写真や動画にエフェクトを付ける機能が用意されている．図 1.1 は，カメラで撮影した顔にさまざまなエフェクトを付加した様子である．

| (a) 線画風 | (b) 髪色変換 | (c) 輪郭に粒子を表示 | (d) サングラス | (e) 犬顔 | (f) 目を大きく |

図 1.1 Instagram

▶ Google 翻訳（Google レンズ）

Google 翻訳（Google レンズ）はカメラに映った文字を翻訳してくれるアプリである．例えば，図 1.2 (a)はタイのある駅の看板を撮影した写真であるが，タイ語が分からなければ何が書いてあるのかは理解できない．この写真を Google 翻訳で処理すると，図 1.2 (b)のように映像上にリアルタイムに訳文を重ね合わせ表示してくれる．

これらのアプリを支えているのが画像処理技術である．例えば，Instagram の線画風の処理図（図 1.1 (a)）には，カラー画像のグレースケール画像変換が必要になる．髪色変換の処理（図 1.1 (b)）には，色抽出処理や色変換処理が必要である．輪郭に粒子を表示する処理（図 1.1 (c)）には，エッジ抽出処理が必要である．また，目の部分にサングラスを掛けたり（図 1.1 (d)），犬の耳と鼻を顔につけたり（図 1.1 (e)），目を大きくする処理（図 1.1 (f)）には顔認識や，アルファブレンディング処理，幾何学変換処理などが必要になる．Google 翻訳でも 2 値化処理や幾何学変換処理，色変換処理，エッジ抽出処理などが行われていると思われる．

携帯端末だけでなく，生活環境内にもカメラは多数存在している．市街地や鉄道構内などにライブカメラや防犯カメラが設置されている状況は当たり前の風景となった．国土交通省のウェブページ[1]や YouTube[2]などで各地の映像を見ることができる．防犯カメラの映像から事件が解決される事例も近年ますます増加している．また，カメラ映像に映った人物の顔や歩き方から個人を特定し，事件・事故の捜査に活用するといった研究も行われている[3]．

(a) 入力画像 　　　　　　　　(b) 結果

図 1.2 Google 翻訳（Google レンズ）

自動車にもカメラシステムが搭載されるようになり，高性能化が進んでいる．例えば，日産自動車の鳥瞰映像提示システム「アラウンドビューモニター」[4]では，車に取り付けられた多数のカメラ映像を結合して自車を上から見たかのような映像を生成する．SUBARU の運転支援システム「アイサイト」[5]では，フロントガラスに取り付けられたステレオカメラにより自車周囲の車や歩行者，白線を認識することが可能である．トヨタ自動車の「ロードサインアシスト」[6]は，前方カメラにより道路標識や信号などを認識してドライバーに伝えるものである．近年はさらに進んだ運転支援機能も市販車に搭載されつつある．本田技研工業の「Honda SENSING Elite」[7]や日産自動車の「プロパイロット 2.0」[8]では，カメラを含むさまざまなセンサ情報を融合して周辺の環境を認識し，一定の条件下でドライバーがハンドルから手を放しても自動で走行することができる．

機械的な機能が進展する一方で，ヒトや動物などの理解についてはまだ発展の余地がある．たとえば，カメラに映った映像からヒトの感情をコンピュータで読み取ることは現在でも困難である．コミュニケーションにおいて，言語によるコミュニケーションはもちろん大切であるが，同様に非言語コミュニケーション（non-verbal communication）も重要である．非言語コミュニケーションとは，たとえば声のトーンや抑揚，表情や視線，身振り・手振りなどのジェスチャ，相手との距離感など，言語以外で伝えられる情報である．音声認識技術の発展により，音声を文章に変換することは携帯端末でも容易にできるようになった（たとえば iOS の Siri や Android の Google アシスタントなど）．しかし，言葉には表れない意図や感情，本心などを読み取ることは難しく，研究段階である．

1.2 ヒトの感覚器官

ヒトや生物には 5 種類の感覚（**聴覚**（hearing），**嗅覚**（smell），**味覚**（taste），**触覚**（touch），**視覚**（eyesight））があるといわれ，**五感**（five senses）と呼ばれる．五感による知覚の割合は，一説には，視覚 83 ％，聴覚 11 ％，嗅覚 3 ％，触覚 2 ％，味覚 1 ％といわれている（**図 1.3**）[9]．文献がやや古く，これらの割合を鵜呑みにするのは控えた方がよいが，経験上，視覚情報がきわめて重要であることは間違いないだろう．ヒトの五感の特性を**表 1.1** にまとめた．

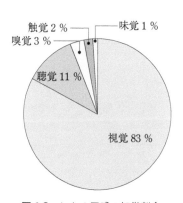

図 1.3 ヒトの五感の知覚割合

表 1.1　ヒトの五感の特性
(文献[10]を参考に作成)

モダリティ（感覚チャネル）	感覚器部位	適刺激	性質（獲得できる情報の種類）	センシング上の特徴	センシングにおける技術レベル	再現上の特徴			再現における技術レベル
						再現上の特徴	再現デバイスと人間との距離	1つのデバイスでの再現を一度に体験できる人数	
視覚	眼	光（可視光）	明暗，色	・カメラによる可視光線の捕捉により人間の眼の機能を実現.	・人間が感知できる光はすべて検知できる. ・色，明るさ，形状などについては多くの人間が違和感を抱かないレベルとなっている. ・視野角，立体感，精細度には問題がある. ・受容器の研究はほぼ完了.	・ディスプレイによる表現.	・数cm〜数十mまでさまざまである.	・特定のディスプレイ（HMDなど）以外は複数人で共有可能である.	・一定の視野角中であれば多くの人間が違和感を抱かないレベル. ・専門家を納得させる高精細度は今一歩のレベル. ・視野角全体を再現することは困難である. ・自然な立体感を表現するための技術は研究中.
聴覚	耳	空気の疎密波	調音（純音，周期的複合音）や雑音など	・マイクによる音波の捕捉により機能を実現.	・人間が感知できる音はほぼ検知可能. ・受容器の研究はほぼ完了.	・スピーカおよびヘッドフォンなどによる表現.	・接触〜数kmまでさまざまである.	・ヘッドフォン以外は複数人で共有可能である.	・忠実な再現が可能. ・特定の音のみを（ノイズリダクションし）再現することも可能.
触覚	皮膚，筋肉，腱，関節など	機械的刺激，温度刺激，侵害性刺激など	触，圧，擦，音，熱，冷，痛，痒など	・触覚センサによる. ・対象物に接触.	・皮膚感覚と同等には至っていない. ・受容器の研究は中途である.	・一部で再現のためのデバイス（触覚ディスプレイ，力覚ディスプレイなど）が提案されているが，さらなる応用を想定した研究の必要性がある.	・接触.	・1人のみ.	・一部は再現可能であるが，研究段階である.
嗅覚	鼻腔の嗅粘膜	揮発性の物質	薬味，花，果実，樹脂，腐敗など	・化学センサ（electric nose）による. ・化学成分の分析.	・一部の匂いについて検知可能. ・化学的性質に直接関連するデータに関しては検知可能. ・恒常性など脳機能が深く関連する感覚については解明できていない. ・受容器の研究が中心.	・化学物質の合成などによる再現が必要. ・将来的には脳に対する直接の刺激.	・接触〜数kmまでさまざまである.	・複数人で共有可能である.	・一部は再現可能であるが，研究段階である.
味覚	舌，一部の口腔内部位	溶解性の物質	塩，甘，酸，苦，うま味など	・味覚センサによる. ・化学成分の分析（糖分，塩分，酸味などの分析）. ・対象物に接触.	・一部の味について検知可能. ・化学的性質に直接関連するデータに関しては検知可能. ・恒常性など脳機能が深く関連する感覚については解明できていない. ・受容器の研究が中心.	・化学物質の合成などによる再現が必要. ・将来的には脳に対する直接の刺激.	・接触.	・1人のみ.	・一部は再現可能であるが，研究段階である.

　光源からの光が物体に当たって反射し，その反射光が眼に入ってくる．この過程では，光は単なる物理的なエネルギーでしかない．その光のエネルギーを感じ取るのが，ヒトの眼の網膜上に分布している視細胞（photoreceptor cell）と呼ばれる光を感じることができる細胞である．眼に入射してくる光によって刺激を受けた視細胞は，その刺激の大きさに応じた信号を脳に送り，脳がその信号によって色を認識する（図 1.4）．

　視細胞は大別すると 2 種類ある．1 つは，比較的明るいところで働く**錐体**（cone）と呼ばれる視細胞で，もう 1 つは比較的暗いところで働く**桿体**（rod）と呼ばれる視細胞である（図 1.5）．

　ヒトが色を感じることができるのは錐体の働きによるものである．桿体は色を検知できないが，明るさを敏感に検知することができる．暗闇でもしばらくすると景色が見えるようになるのは桿体の働きによるものである．しかし暗闇での色の識別はほぼ無理である．これは錐体の感度が桿体の感度と

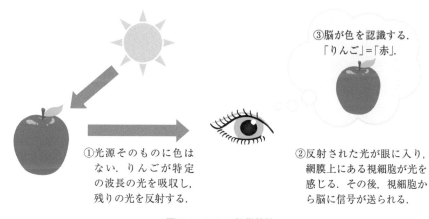

図 1.4　ヒトの視覚特性
（文献[11]を参考に作成）

①光源そのものに色はない．りんごが特定の波長の光を吸収し，残りの光を反射する．

②反射された光が眼に入り，網膜上にある視細胞が光を感じる．その後，視細胞から脳に信号が送られる．

③脳が色を認識する．「りんご」＝「赤」．

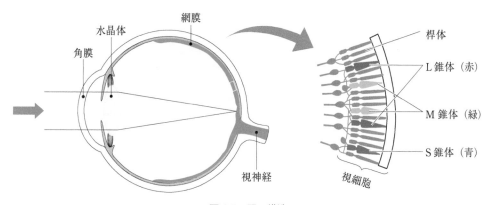

図 1.5　眼の構造
（文献[12]を参考に作成）

角膜　水晶体　網膜　視神経　視細胞

桿体　L 錐体（赤）　M 錐体（緑）　S 錐体（青）

比較して低いためである.

錐体は波長感度特性の違いによって，以下の３つに分類することができる（図1.6）.

- ・可視域短波長域（青周辺）の感度が高い S 錐体（Short-wave sensitive cone）
- ・可視域中波長域（緑周辺）の感度が高い M 錐体（Medium-wave sensitive cone）
- ・可視域長波長域（赤周辺）の感度が高い L 錐体（Long-wave sensitive cone）

眼に入射してくる光によって，３つの錐体がそれぞれの波長感度特性に応じた刺激を受ける．そして，各錐体は刺激の大きさに応じた電気信号を，視神経を経由して脳に伝達する．脳は３つの錐体から送られてきた電気信号の強度の比率から色を認識している．つまり，色は眼で認識しているのでは

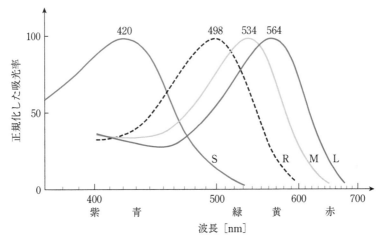

図 1.6 錐体細胞（S, M, L）と桿体細胞（R）の感度分布
（文献[13]を参考に作成）

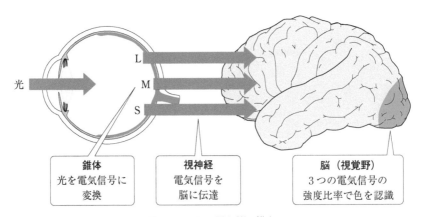

図 1.7 ヒトの眼と脳の働き
（文献[11]を参考に作成）

なく，脳によって初めて認識されるのである（図 1.7）．しかし脳が視覚から入った情報をどのように処理しているのかについては未解明な部分も多々あり，現在もさまざまな研究が行われている．

1.4 画像処理とコンピュータビジョン

画像処理の研究は 1960 年頃に始まり，当時の研究テーマは主に人工衛星で撮影された画像の画質改善に関するものや，文章の画像を 2 値化して文字認識するものなどであった．図 1.8 は，1964 年にアメリカの月探査機（Ranger7）が初めて月面を撮影した写真である．衛星から受信したデータを復元する技術や，画像の鮮明化などの基礎的な技術開発がこの頃に進み，アポロ計画の成功へと繋がったといわれている．

一般に，**画像処理**（image processing）とは，与えられた画像に対して，何らかの処理を行い，画像を出力する処理とされる．一方，**コンピュータビジョン**（Computer Vision, CV）とは，画像をもとにして撮影対象がどうなっているのかを認識したり，判別したりして，対象の状態をデータで出力する処理とされる．両分野とも世界中で活発に研究されており，技術レベルは年々高度化している．

これらの最新の画像処理アルゴリズムをいち早く取り込み，一般ユーザにも利用しやすい形で提供しているライブラリの 1 つが OpenCV である．

図 1.8　月探査機が撮影した月の表面
（写真提供：NASA/JPL）

1.5 OpenCV

OpenCV（Open Source Computer Vision Library）は，オープンソース，マルチプラットフォームのライブラリで，元々は Intel 社が開発し公開したものである．その後，Willow Garage 社，Itseez 社が管理を引き継いだが，Intel 社が Itseez 社を買収したため，現在は Intel 社が中心に管理している．OpenCV には画像処理やコンピュータビジョン，汎用的な数学処理や機械学習に関するアルゴリズムが多数含まれている．利用可能なプラットフォームは，Windows, Linux, Mac, iOS, Android などで，C,

C++, Python, Java などの言語から利用できる．BSD ライセンスであるため，著作権表示やライセンス条文，無保証の旨を記載すれば，ソースコード非公開で頒布可能である．OpenCV に関連する主なウェブサイトを以下に挙げるので，一度は目を通してほしい．

- OpenCV ダウンロードサイト

  https://sourceforge.net/projects/opencvlibrary/
- OpenCV のバージョンごとの更新履歴

  https://github.com/opencv/opencv/wiki/ChangeLog
- OpenCV 公式ポータルサイト：利用者向け，使い方や関連するニュースなど．

  https://opencv.org/
- OpenCV 公式 Wiki ページ：開発者向け，既知の問題や今後のロードマップなど．

  https://github.com/opencv/opencv/wiki
- 各種オンラインドキュメント（英語）

  https://docs.opencv.org/
- OpenCV Tutorials：基本的な処理の解説

  https://docs.opencv.org/master/d9/df8/tutorial_root.html
- OpenCV 公式質問フォーラム

  https://forum.opencv.org/
- OpenCV.jp：日本語版リファレンスマニュアルやさまざまなサンプルプログラムなど．

  http://opencv.jp/

豆知識　いろいろな画像処理ライブラリ

OpenCV 以外にもさまざまな画像処理ライブラリが存在する．有名なものを以下に挙げる．

- Intel Integrated Performance Primitives（IPP）：Intel 社が開発，有料，OpenCV のもととなったライブラリ．
- HALCON：MVTec 社が開発，有料，主に産業用.
- PatMax：Cognex 社が開発，有料，主に産業用.
- Matrox Imaging Library（MIL）：Matrox 社が開発，有料，主に産業用.
- LTI-Lib：アーヘン工科大学（ドイツ）の LTI（Lehrstuhl fur Technische Informatik：計算機工学講座）で開発された C++ ベースのオブジェクト指向型 CV ライブラリ．LGPL ライセンスのオープンソース.
- VXL：the Vision-something-Libraries の略．数学系（vnl），画像処理系（vil），幾何学系（vgl）などのコアライブラリから構成される．オープンソースの CV 用 C++ ライブラリ．BSD ライセンス.

参考文献

[1] 国土交通省　冬の道路情報，https://www.mlit.go.jp/road/fuyumichi/fuyumichi.html

[2] YouTube　秋葉原ライブカメラ，https://www.youtube.com/watch?v=9tdwEprWRMc

[3] 大阪大学　八木康史研究室，http://www.am.sanken.osaka-u.ac.jp/research/safety_security-jp.html

[4] 日産自動車　アラウンドビューモニター
https://www.nissan-global.com/JP/TECHNOLOGY/OVERVIEW/iavm.html

[5] SUBARU　アイサイト，https://www.youtube.com/watch?v=uOsAOBG0oWY

[6] トヨタ自動車　ロードサインアシスト，https://www.youtube.com/watch?v=7Sk6qOD2tDs

[7] 本田技研工業　Honda SENSING Elite，https://www.honda.co.jp/hondasensing-elite/

[8] 日産自動車　プロパイロット 2.0，https://www2.nissan.co.jp/BRAND/PROPILOT/

[9] 教育機器編集委員会（編）：産業教育機器システム便覧，日科技連出版社，1972.

[10] 総務省　五感情報通信技術に関する調査研究会　最終報告書
https://www.soumu.go.jp/main_sosiki/joho_tsusin/policyreports/chousa/gokan_index.html

[11] シーシーエス株式会社　テクニカルガイド　光と色の話　第一部
https://www.ccs-inc.co.jp/guide/column/light_color/

[12] P. Kaiser and R. Boynton : *Human color vision*, Optical Society of America, 1996.

[13] J. Bowmaker and H. Dartnall : Visual pigments of rods and cones in a human retina, *The Journal of Physiology*, Vol.298, No.1, pp. 501−511, 1980.

Chapter 2

OpenCV の導入

Windows OS と macOS への OpenCV のインストールと開発環境の構築,
設定について説明する. また OS に依存せずブラウザのみで利用できる
Google Colaboratory での OpenCV 導入方法についても解説する.
バージョンが多少異なっていても, 同じ手順で導入可能と思われる. その際
はバージョンなどの数字を適宜読み替えて対応してほしい.

2.1 Windows で OpenCV を使う

Windows OS の場合の OpenCV のインストールと開発環境の準備, 設定について述べる. 本節では,
以下の環境を利用するものとして説明する.

- OpenCV 4.5.5 バイナリ版
- OS：Windows11 (64 bit)
- 開発環境：Visual Studio 2022 と Python3.10 系

2.1.1 C++ 言語で開発する

▶ OpenCV のインストール

1. ブラウザで `https://opencv.org/releases/` に接続し, OpenCV-4.5.5 の Windows をクリックし
て, インストーラをダウンロードする (図 2.1).

図 2.1 OpenCV のダウンロード

2. ダウンロードしたファイルをダブルクリックしてインストーラを起動する．Extract to: に c:¥ と入力して Extract をクリックする（図 2.2）．

図 2.2 インストーラの起動

3. c:¥ opencv フォルダができているので，このフォルダの名前を OpenCV4.5.5 に変更する．
4. スタートボタンを右クリック＞設定＞システム＞バージョン情報＞デバイスの仕様＞システムの詳細設定をクリックすると，システムのプロパティ画面が現れるので，詳細設定＞環境変数をクリックする（図 2.3）．

図 2.3 システムのプロパティ

5. 下段のシステム環境変数にある Path を選択して，編集をクリックする．

6. 新規をクリックして C:¥OpenCV4.5.5¥build¥x64¥vc15¥bin を入力し，OK をクリックする（図 2.4）．

図 2.4　システム環境変数 Path の設定

7. すべてのウインドウを閉じてから，Windows を再起動する．

▶ Visual Studio の設定

1. まず Visual Studio を更新する．スタートボタンをクリックして，すべてのアプリ > Visual Studio Installer をクリックする．「更新プログラムが利用可能です」が出ていれば，更新をクリックして最新版にアップデートする（図 2.5）．

図 2.5　Visual Studio のアップデート

2. Visual Studio を起動して「新しいプロジェクトの作成」をクリックする（**図 2.6**）．

図 2.6 Visual Studio の起動

3. 空のプロジェクトを選択して「次へ」をクリックする（**図 2.7**）．

図 2.7 新しいプロジェクトの作成

4. プロジェクト名を適当に入力（ここでは opencv_test），場所も適当に設定（ここでは C:¥Users¥(username)¥source¥repos）して，作成をクリックする（**図 2.8**）．

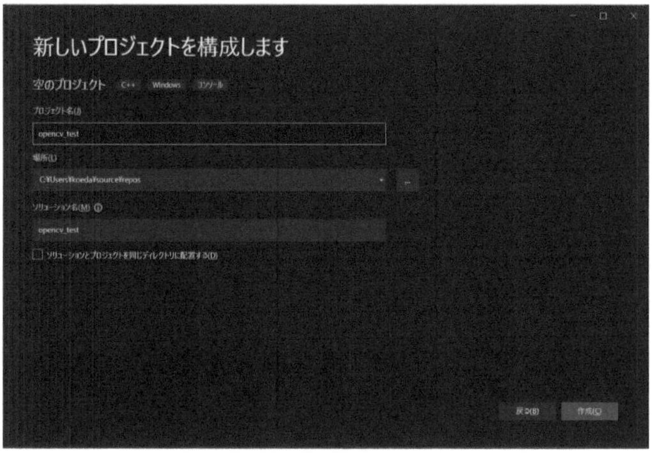

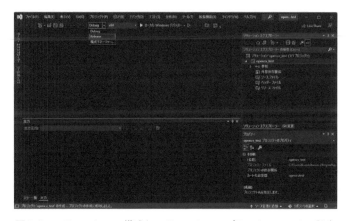

図 2.8　プロジェクト名の設定

5. Visual Studio のメインウインドウが現れたら，ソリューション構成を Release，ソリューション
プラットフォームを x64 に設定する（x64 が選択できない場合は，構成マネージャー＞アクティブ
ソリューションプラットフォーム＞新規作成＞新しいプラットフォームを入力または選択してくだ
さい，と進んで，x64 を選択し，OK をクリックする）（図 2.9）．

図 2.9　ソリューション構成とソリューションプラットフォームの設定

6. ソリューションエクスプローラーのソースファイルを右クリックして，追加＞新しい項目＞Visual
C++＞C++ ファイル（.cpp）を選択し，名前を適当に設定（ここでは `main.cpp`）し，「追加」をクリッ
クする（図 2.10）．ソリューションエクスプローラーが表示されていない場合は，表示＞ソリューショ
ンエクスプローラーを選択する．

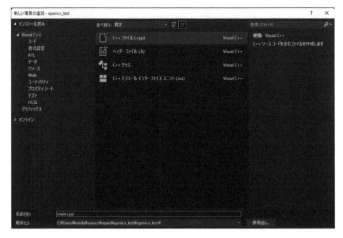

図 2.10 C++ ファイルの追加

7. main.cpp に以下の動作確認用プログラムを入力する.

▌プログラムリスト 2.1：動作確認

```
 1  #include <opencv2/opencv.hpp>
 2  using namespace cv;
 3
 4  int main()
 5  {
 6    Mat img_src = Mat::zeros(Size(640, 480), CV_8UC3);
 7    imshow("src", img_src);
 8    waitKey(0);
 9    return 0;
10  }
```

8. ソリューションエクスプローラーのプロジェクト名（ここでは opencv_test）を右クリックして，プロパティ>構成プロパティを開き，以下を設定する.

(a) C/C++>全般>追加のインクルードディレクトリに，C:\OpenCV4.5.5\build\include; を入力する（図 2.11）.

図 2.11　追加のインクルードディレクトリの設定

(b) リンカー > 全般 > 追加のライブラリディレクトリに，`C:¥OpenCV4.5.5¥build¥x64¥vc15¥lib;`
を入力する（**図 2.12**）.

図 2.12　追加のライブラリディレクトリの設定

(c) リンカー > 入力 > 追加の依存ファイルに `opencv_world455.lib` を追加する（**図 2.13**）.
(d) OK をクリックして設定を終了する.

図 2.13 追加の依存ファイルの設定

9. メニューバーのビルド＞opencv_test のビルド，をクリックする．出力の最後に「0 失敗」が表示されていれば，問題なくビルドできているので，デバッグ＞デバッグなしで開始，をクリックしてプログラムを実行する（図 2.14）．

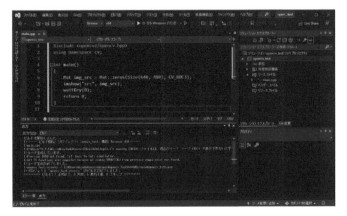

図 2.14 プロジェクトのビルド

10. タイトルバーに src と書かれた黒いウインドウが 1 つ現れれば，問題なく実行できている（図 2.15）．問題が発生した場合には，後述のトラブルシューティングを参考に対処してほしい．

図 2.15 実行画面

 Visual Studio の構成とバージョン番号

　Visual Studio 2010 以降のバージョン番号の一覧を示す．Visual Studio 2012 以降では年数の下 2 桁とバージョン番号が一致していないので注意してほしい．

構成	バージョン番号
Visual Studio 2010 系	vc10
Visual Studio 2012 系	vc11
Visual Studio 2013 系	vc12
Visual Studio 2015 系	vc14
Visual Studio 2017 系	vc15
Visual Studio 2019 系	vc16
Visual Studio 2022 系	vc17

　OpenCV4.5.5 バイナリ版には，Visual Studio 2015 と 2017 (vc14, 15) の x64 のライブラリのみ含まれており，Visual Studio 2022 (vc17) 用のものは用意されていない．今のところ，vc15 で特に問題は発生していないので，本書ではこちらを使うことにする．

▶トラブルシューティング

● ビルドに関するトラブル

E1696 ソースファイルを開けません "opencv2/opencv.hpp"

のようなエラーが出てビルドに失敗する場合は，

- 追加のインクルードディレクトリの設定
- 追加のインクルードディレクトリに設定したフォルダの下に opencv2/opencv.hpp があるか
- cpp ファイルで #include <opencv2/opencv.hpp> を正しく入力しているか

を確認する．

LNK1181 入力ファイル 'opencv_world455.lib' を開けません。

のようなエラーが出てビルドに失敗する場合は，

- 追加のライブラリディレクトリの設定
- 追加のライブラリディレクトリに設定したフォルダの下に opencv_world455.lib があるか
- 追加の依存ファイルを正しく入力しているか

を確認する．

LNK2001 外部シンボル "....." は未解決です

のようなエラーが出てビルドに失敗する場合は，

- ソリューションプラットフォームを正しく設定しているか

を確認する．

- 実行時のトラブル

プログラム '......exe' を開始できません．指定されたファイルが見つかりません．

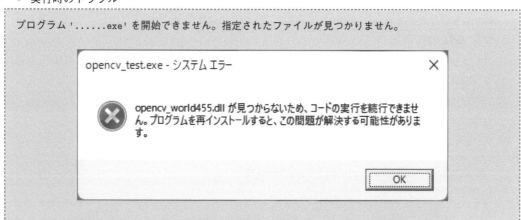

のエラーが出る場合は，

- 環境変数 Path の設定

–設定した環境変数 Path のフォルダの下に `opencv_world455.dll` があるか
を確認する.

2.1.2 Python 言語で開発する

1. ブラウザで `https://code.visualstudio.com/Download` に接続し，User Installer 64bit をクリックして，Visual Studio Code のインストーラをダウンロードする（図 2.16）．デフォルトでは `C:¥Users¥(username)¥AppData¥Local¥Programs¥Microsoft VS Code¥` にインストールされる.

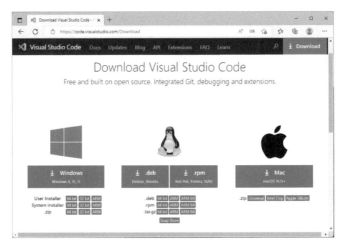

図 2.16　Visual Studio Code のダウンロード

2. Visual Studio Code を起動し，アクティビティーバー（左側に並んだアイコン）にある Extensions をクリックする.「python」で検索して，Microsoft の Python Extension をインストールする（図 2.17）.
3. メニュー > Terminal > New Terminal，をクリックすると，ウインドウ下部に TERMINAL が現れる（図 2.18）.
4. TERMINAL で「python」と入力して Enter を押すと，Microsoft Store のウインドウが現れる（図 2.19）．Python3.10 の入手をクリックすると，Python がインストールされる.
5. Python のインストールが完了したら，TERMINAL で

```
PS C:\Users\(username)> python -m pip install
--user opencv-python==4.5.5.64
```

と入力して Enter を押すと，Python 版の OpenCV4.5.5 がダウンロード，インストールされる（図 2.20）．pip のバージョンに関する WARNING が出るかもしれないが，気にしなくてよい.
6. メニュー > File > Open Folder，をクリックして，適当なフォルダを選択する（図 2.21）．ここでは，

図 2.17 Python Extension のインストール

図 2.18 TERMINAL の起動

図 2.19 Microsoft Store から Python のインストール

図 2.20 opencv-python のインストール

図 2.21 Visual Studio Code で Open Folder

C:¥Users¥(username)¥Documents¥python としており，このフォルダは事前に作成済みである．指定したフォルダの信頼性を確認するウインドウが現れる（初回のみ）ので，問題なければチェックを入れて Yes をクリックする．

7. EXPLORER の PYTHON の右にある，New File アイコンをクリックして，新しいファイルを作成する（**図 2.22**）．ここではファイル名を main.py としている．

8. main.py に以下の動作確認用プログラムを入力する（**図 2.23**）．

図 2.22 新しいファイルの作成

図 2.23 プログラムの入力

▌プログラムリスト 2.2：動作確認

```
1  import cv2
2  import numpy as np
3  img = np.zeros((480, 640)).astype(np.uint8)
4  cv2.imshow('src', img)
5  cv2.waitKey(0)
6  cv2.destroyAllWindows()
```

9. 右上にある▷をクリックするとプログラムが実行される．タイトルバーに src と書かれた黒いウインドウが 1 つ現れれば，問題なく実行できている．

豆知識 ## pip でインストール可能な OpenCV のバージョン

TERMINAL で `pip install opencv-python==` と入力すればよい.

```
PS C:\Users\(username)\Documents\python> pip install opencv-python==
```

ERROR: Could not find a version that satisfies the requirement
opencv-python== (from versions: 3.4.0.14, 3.4.10.37, 3.4.11.39,
3.4.11.41, 3.4.11.43, 3.4.11.45, 3.4.13.47, 3.4.15.55, 3.4.16.57,
3.4.16.59, 3.4.17.61, 3.4.17.63, 3.4.18.65, 4.3.0.38, 4.4.0.40,
4.4.0.42, 4.4.0.44, 4.4.0.46, 4.5.1.48, 4.5.3.56, 4.5.4.58,
4.5.4.60, 4.5.5.62, 4.5.5.64)
ERROR: No matching distribution found for opencv-python==

豆知識 ## Visual Studio Code で実行する Python を指定する

すでに Python がインストールされていたり，もしくは複数のバージョンの Python がインストールされている場合に，Visual Studio Code で実行する Python を指定するには，メニュー>View>Command Palette，をクリックして，Python: Select Interpreter と入力して，検索・指定すればよい.

もしくは，`C:¥Users¥(username)¥AppData¥Roaming¥Code¥User` にある setting.json を適当なエディタで開いて，

```
{
    "python.defaultInterpreterPath": "c:/python310/python.exe"
}
```

のように入力して，python.exe のパスを指定すればよい.

この方法でも失敗する場合は，PowerShell の設定が影響している可能性がある. PowerShell の設定ファイル `C:¥Users¥(username)¥Documents¥WindowsPowerShell¥Microsoft.PowerShell_profile.ps1` を確認して，該当箇所を修正または削除（もしくはファイルを削除）すると解決するかもしれない.

参考：

Using Python environments in VS Code

https://code.visualstudio.com/docs/python/environments#_select-and-activate-an-environment

Mac（macOS）で OpenCV を使う

　macOS の場合の OpenCV のインストールと開発環境の準備，設定について述べる．本節では，以下の環境を利用するものとして説明する．

- OpenCV 4.5.5
- OS：macOS Monterey バージョン 12.4
- 開発環境：Visual Studio Code と Clang 13.1 系または Python3.10 系（言語系は，macOS デフォルトで提供されている）

　この節では，Windows 環境での開発と異なり，C++ と Python の両方とも Visual Studio Code を用いて開発することを想定するため，先に Homebrew を用いて Visual Studio Code，OpenCV をインストールし，その後言語ごとの設定を説明する．

2.2.1　Homebrew のインストール

1. macOS のターミナルを開く．（アプリケーション＞ユーティリティ＞ターミナルで開く）
2. ターミナルで，以下のコマンドを入力．

```
% brew --version
```

ここで，Homebrew 3.5.5（←ここはバージョンによって変わる）などと表示された場合はすでにインストールされている．

3. Homebrew のサイトに行く（図 2.24）．

図 2.24　Homebrew の Web サイト

4. Webページ指示の通り，下記をターミナルから実行する（コピー & ペーストで OK）．

```
% /bin/bash -c "$(curl -fsSL https://raw.githubusercontent.com/Homebrew/install/
HEAD/install.sh)"
```

（実行中にパスワードを聞かれたら，ログインパスワードを入力）

2.2.2　Visual Studio Code のインストール

2.1.2項で説明したように，Visual Studio Code のサイトからアプリケーションをダウンロードして
インストールしてもよいが，ここでは Homebrew を使ってインストールする．
　下記コマンドをターミナルから実行すると，アプリケーションフォルダに「Visual Studio Code」
がインストールされる．

```
% brew install visual-studio-code
```

2.2.3　OpenCV のインストール

下記コマンドをターミナルから実行する．少し時間がかかる．

```
% brew install opencv
```

2.2.4　C++ 言語での開発環境

1. Visual Studio Code の C++ 拡張機能をインストールする．Visual Studio Code を起動し，アクティ
   ビティバーにある Extensions をクリックする．「C++」で検索して，Microsoft の「C/C++」をイ
   ンストールする（図 2.25）．
2. メニューの File > Open Folder で適当なフォルダ（開発するソースコードを入れる場所）を選択す
   る．この説明では，~/image_prog というフォルダとする．2.1.2 項の説明と同様に，指定したフォ
   ルダの信頼性を確認するウインドウが現れた場合は，問題なければ「Yes, I trust the authors」を
   選択する（初回のみの作業）（図 2.26）．
3. エクスプローラの，フォルダ名の横にある「New File」をクリックして，新しいファイルを作成す
   る（図 2.27）．ここではファイル名を main.cpp としている．
4. main.cpp にプログラムリスト 2.1 の動作確認用プログラムを入力する．入力が終わった状態では，
   #include <opencv2/opencv.hpp> の下に波線が表示され，これはパスの設定ができていないこと
   を示している．
5. IntelliSense を設定する．今回は「c_cpp_properties.json」と「tasks.json」を設定する．この
   設定は，開発用のフォルダごとに一度だけ行う．

図 2.25　C++ 拡張機能のインストール

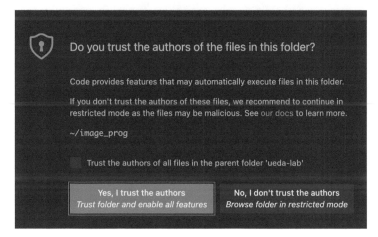

図 2.26　フォルダの信頼性を確認するウインドウ

（1）`c_cpp_properties.json` の設定

「`command + shift + P`」でコマンドパレットを開き，`C/C++:Edit Configurations (UI)` を選択すると，図 2.28 のような画面が出てくる．

下にスクロールして，「パスを含める」の設定に `/usr/local/include/opencv4` を追加する（図2.29）.

これにより，作業用フォルダの下に「.vscode」というフォルダが作成され，その中に「c_cpp_properties.json」ファイルが作成される（図 2.30）.

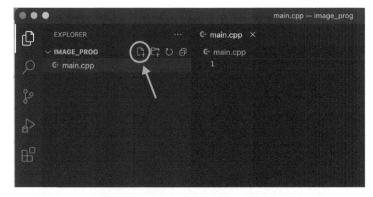

図 2.27 新しい .cpp ファイルの作成

図 2.28 IntelliSense の設定

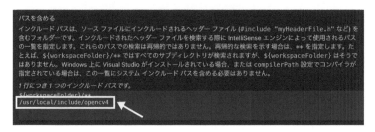

図 2.29 インクルードパスの設定

（2）tasks.json の設定

「command + shift + P」でコマンドパレットを開き，「Tasks:Configure Task」を選択すると，図 2.31 のような選択画面が出てくる．

今回は clang を使用するので，「C/C++: clang++ アクティブなファイルのビルド（コンパイラ：/usr/bin/clang++)」を選択すると，tasks.json が作成され編集画面になる（**図 2.32**）．

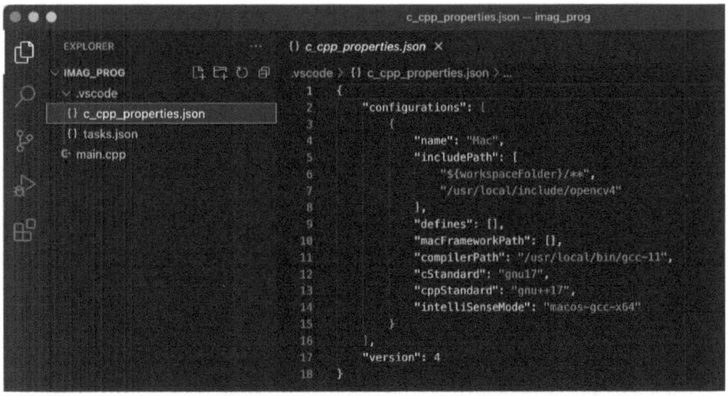

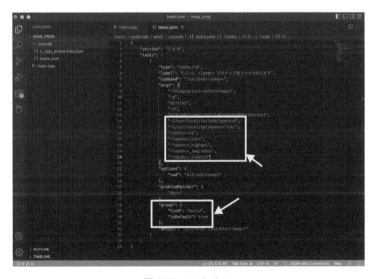

図 **2.30** c_cpp_properties.json

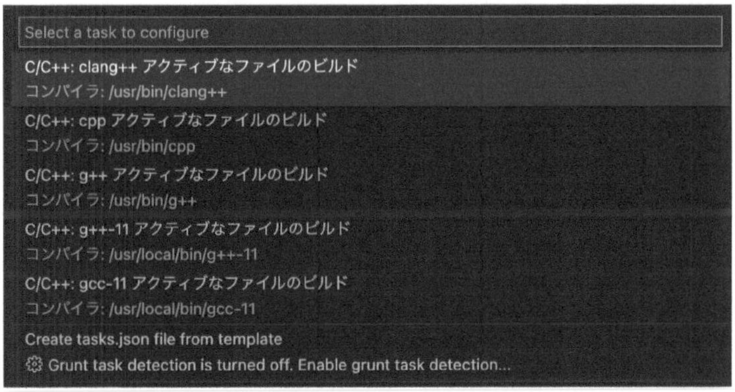

図 **2.31** C/C++: clang++ アクティブなファイルのビルド

図 **2.32** tasks.json

"args":{ の最終行に，次を追加する（追加する前の行の最後に「,」を入力すること）.

```
"-I/usr/local/include/opencv4/",
"-L/usr/local/opt/opencv/lib/",
"-std=c++11",
"-lopencv_core",
"-lopencv_highgui",
"-lopencv_imgcodecs",
"-lopencv_videoio"
```

"group": を下記のように書き換える.

```
"group": {
        "kind": "build",
        "isDefault": true
}
```

6. 右上にある▷をクリックすると，ビルドして実行される．タイトルバーに src と書かれた黒いウインドウが 1 つ現れれば，問題なく実行できている（初回の実行には少し時間がかかる．処理メッセージを確認してエラーがなければ問題ない）.

なお，macOS では，カメラを入力として使用するコードは Visual Studio Code から直接実行ができない（プログラムが終了してしまう）．このような場合は，作成した実行ファイルをターミナルから実行することで解決できる（下記にコマンド例を示す）.

```
$ ./main      ←実行ファイル名
```

2.2.5　Python 言語での開発環境

1. Python3.10 系のインストール

下記コマンドで，現在インストールされている Python3 系のバージョンを確認する
（バージョンがすでに 3.10.* になっていれば，2 に進む）.

```
$ python3 --version
```

3.10 系のインストールとバージョンの切り替えをする.

```
$ brew install python@3.10
$ brew unlink python3 && brew link --force python@3.10
```

2. opencv-python のインストール

pip コマンドを用いて下記の通りインストールする.

```
$ pip3 install opencv-python
```

3. Visual Studio Code の Python 拡張機能をインストールする．Visual Studio Code を起動し，アクティビティバーにある Extensions をクリックする．「python」で検索して，Microsoft の Python Extension をインストールする（**図 2.33**）．

図 2.33 Python 拡張機能のインストール

4. メニューバーの File > Open Folder で，適当なフォルダ（開発するソースコードを入れる場所）を選択する．この説明では，`~/image_prog` というフォルダとする．2.1.2 項の説明と同様に，指定したフォルダの信頼性を確認するウインドウが現れた場合は，問題なければ「Yes, I trust the authors」を選択する（初回のみの作業）．

5. エクスプローラの，フォルダ名の横にある「New File」をクリックして，新しいファイルを作成する（**図 2.34**）．ここでは，ファイル名を `test.py` としている．

図 2.34 新しい .py ファイルの作成

6. test.py にプログラムリスト 2.2 の動作確認用プログラムを入力する.

7. 右上にある▷をクリックすると実行される. タイトルバーに src と書かれた黒いウインドウが 1 つ現れれば, 問題なく実行できている.

   なお, macOS では, カメラを入力として使用するコードは Visual Studio Code から直接実行ができない（プログラムが終了してしまう）. このような場合は, ターミナルから実行することで解決できる（下記にコマンド例を示す）.

   ```
   $ python3 test.py  ←ファイル名
   ```

豆知識 ユーザプログラムが初めてカメラにアクセスする際のエラー

macOS で初めてカメラにアクセスするプログラムが, ユーザプログラムであったときは下記のようなエラーが出ることがある. この場合, プリインストールされている「Photo Booth」などのアプリで, 一度カメラを使用したのち, ユーザプログラムを実行することでエラーが出なくなる.

```
OpenCV: not authorized to capture video (status 0), requesting...
OpenCV: camera failed to properly initialize!
error
```

2.3 Google Colaboratory で OpenCV を使う

2.3.1 Google Colaboratory

Google Colaboratory（略して Google Colab）とは, Google 社によってクラウド上に提供されている高性能 CPU, GPU などの計算機資源に自由にアクセスしながら, Jupyter Notebook（統合開発環境）を使えるクラウドサービスのことである. Google Colab は, Google アカウントとブラウザが使えるデバイスさえあれば, OS などに依存せず, 基本的に無料で誰でも使用できる. Google Colab でサポートしている言語は, Python2, Python3, Swift である.

Google Colab を利用する際のメリットは

- インストールなどの環境構築が簡単（主要なライブラリはインストール済み）
- Nvidia 社の GPU（Graphics Processing Unit）の Tesla K80（T4, P4, P100）が無料で使える
- GPU を使うための費用が安く, 設定が簡単
- スマートフォン・タブレットからも使える
- 複数人が同じ環境で使用することができる

などが挙げられる．一方，デメリットは，

- 一定時間経過すると実行環境が自動的にリセットされる制限がある
- GPU への割り当てができない場合がある
- ライブラリなどのバージョンアップに気づきにくい
- 大量のデータ処理には向いていない

などである．

切断状態としては，以下の2つがある．

- ノートブック起動後に，PCがスリープ状態に入ると，ノートブックのセッションは切断状態とみなされる．
- ノートブックが起動してから，キーボードに触れなかったり，マウスをまったく動かさなかったり，PCを操作せず一定の時間経過すると，セッションは切断状態とみなされる．

90分ルールを回避する方法としては，以下の2つがある．

- PCの自動スリープをOFFに設定する．
- ブラウザを定期的にリロードする（Google Chromeの場合，アドオン機能「AutoRefresh」をインストールして自動リロードするように設定する）．

12時間ルール：ノートブックのインスタンスを起動してから12時間経過すると，ノートブックのセッションの接続有無にかかわらず，ランタイムリセットされるというルール．

　12時間ルールを回避する根本的な方法はない．最善の対策としては，12時間経過する前に，必要なファイルをGoogleドライブなどに保存することしかない．

2.3.2　Google Colab の使い方

　まずGoogle Colabのウェブサイト（https://colab.research.google.com/）にアクセスする．
Googleアカウントでログインしていない場合は，ログインする（図2.35）．

図 2.35　Google Colab にログイン

　最初に表示されている画面は，Google Colabのチュートリアル画面である．
ファイル＞ノートブックを新規作成，をクリックし，新規ノートブックを作成する（図2.36）．

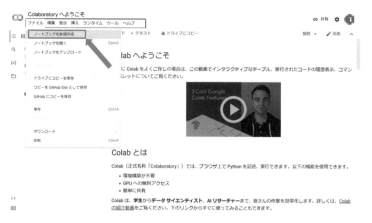

図 2.36 ノートブックの新規作成

　クリックすると，ブラウザで新しいタブが生成され，そのタブに新しいノートブックが作成される．作成されたファイルは，Google ドライブの「マイドライブ」の「Colab Notebooks」フォルダ内に保存される．

　このノートブックの各部分①〜⑫の位置を**図 2.37** に示す．

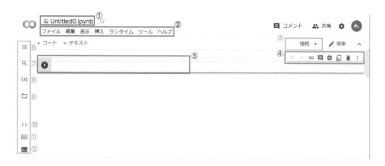

図 2.37 ノートブックの各部分の位置

　また，各部分の名称を以下に示す．
① 　ノートブックのファイル名
② 　Google Colab のメニュー
③ 　接続しているランタイムのメモリ・ディスク情報
④ 　セルの移動，削除などのメニュー
⑤ 　コードセル．Python のコードを記述する所
⑥ 　ノートブックの目次
⑦ 　検索と置換
⑧ 　変数インスペクタ

⑨　ファイルの一覧．Google ドライブに接続したファイルなども参照できる．

⑩　コードスニペット．テンプレートのようなもの．

⑪　コマンドパレット

⑫　ターミナル（無料版では使用できない）

2.3.3　Google Colab における Python コードの実行方法

図 2.38　コードの記述

　コードセル内（**図 2.38** 内①）で print("Hello World!") と記述し，実行ボタン（**図 2.38** 内②）を押すと，コードが実行される．記述したコードセルを削除したい場合は削除ボタン（**図 2.38** 内③）を押すと，コードセルが削除される．その後，新たなコードセルを作成したい場合は，コードセル生成ボタン（**図 2.38** 内④）を押すと，新たなコードセルが生成される．

　ランタイムに接続されていない状態の場合（**図 2.39**），接続ボタンを押すことで自動的にランタイムに接続される（**図 2.40**）．

　ランタイムに接続された後，コードセルに記述されたコードが実行される．

図 2.39　ランタイムへの接続

図 2.40 ランタイムへ接続された状態

2.3.4 Google Colab における OpenCV の利用方法

Google Colab では，OpenCV の Python 用ライブラリがあらかじめインストールされているため，OpenCV のモジュールをロードするだけで OpenCV の関数を使用できる．OpenCV をロードするには，コードセル内で `import cv2` と記述するだけでよい（**図 2.41**）．

図 2.41 OpenCV のモジュールのロード

Google Colab 環境で OpenCV の機能を使用する際には，画像ファイルの読み込み，画像ファイルの表示，カメラからの画像取得に関して，この環境特有の準備作業が必要になる．以下では，これらについて説明する．

2.3.5 Google Colab で画像ファイルを読み込むための準備

Google Colab で画像ファイルを読み込むためには，まず，読み込みたいファイルを Google ドライブにアップロードする必要がある．以下では，そのアップロードの方法について紹介する．

▶方法①

左サイドバーに表示されているファイルマーク（**図2.42**内①）をクリックする．表示されたサイドバー（**図2.42**内②）に，読み込みたいファイルをドラッグ＆ドロップする．

図2.42 画像ファイルのアップロード方法①

アップロードが完了すると，左サイドバーに，アップロードしたファイル名が表示される（**図2.43**内①）．アップロードしたファイルの中身を確認する場合は，ファイル名をダブルクリックすると，右サイドバー（**図2.43**内②）に，ファイルの中身が表示される．

図2.43 アップロードした画像ファイルの確認

▶方法②

以下のコードを実行するとファイル選択ボタンが現れる（**図2.44**内①）ので，クリックしてアップロードしたいファイルをPCのフォルダ内から選択する．選択されたファイルのアップロードが完了すると，sample.jpgとして保存されたというメッセージが表示される（**図2.44**内②）．

┃プログラムリスト 2.3：画像ファイルのアップロード方法②

```
from google.colab import files
uploaded_file = files.upload()
```

以下のコードを実行すると，アップロードされたファイル名を取得できる．

図 2.44 画像ファイルのアップロード方法②

> **プログラムリスト 2.4：ファイル名の取得**

```
uploaded_file_name = next(iter(uploaded_file))
print(uploaded_file_name)
```

2.3.6 Google Colab における OpenCV の関数による画像ファイルの表示

　通常，読み込んだ画像ファイルを表示するには，OpenCV の関数 imshow を用いるが，Google Colab ではこの関数を用いると Jupyter Notebook 環境がクラッシュするため，使用できない．そこで，Google Colab において OpenCV の関数を用いずに画像ファイルを表示する方法について紹介する．

▶**方法①：代替関数 cv2_imshow を利用する方法**
　画像を表示するためには，Google Colab では OpenCV の関数 imshow の代替として関数 cv2_imshow が提供されている（**図 2.45**）．

図 2.45 関数 cv2_imshow による画像ファイルの表示

```
import cv2
from google.colab.patches import cv2_imshow
# 関数 imread で画像を読み込み
cv_img = cv2.imread('sample.jpg')

# 代替関数 cv2_imshow で表示
cv2_imshow(cv_img)
```

▶方法②：matplotlib ライブラリの関数 imshow を利用する方法

　画像ファイルを読み込むためには，OpenCV の関数 imread を用いるが，この関数をデフォルトのまま用いると画像の RGB 情報を BGR の順序で読み込む．しかし，この順番で読み込まれた画像を matplotlib ライブラリの関数 imshow を用いて表示すると色の表示がおかしくなる．色を正しく表示するためには，OpenCV の関数 cvtColor を用いて BGR 順から RGB 順に変換した後，matplotlib ライブラリの関数 imshow を用いる必要がある．以下のコードでは，このような手順で，画像の読み込みから表示まで行っている（**図 2.46**）．

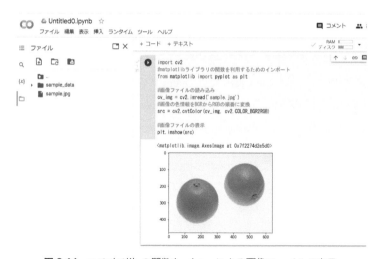

図 2.46　matplotlib の関数 imshow による画像ファイルの表示

```
import cv2
# matplotlib ライブラリの関数を利用するためのインポート
from matplotlib import pyplot as plt
```

```
# 画像ファイルの読み込み
cv_img = cv2.imread('sample.jpg')
# 画像の色情報を BGR から RGB の順番に変換
src = cv2.cvtColor(cv_img, cv2.COLOR_BGR2RGB)

# 画像ファイルの表示
plt.imshow(src)
```

2.3.7　Google Colab における PC に搭載されたカメラで取得した動画像の表示

　Google Colab のコードスニペットのボタンを押す（**図 2.47** 内①）と，利用できるコードスニペットが右側に表示される．その中から「Camera Capture」を選択すると（**図 2.47** 内②），その下に PC に搭載されている Web カメラから動画像を取得するためのコードが表示されるので，「挿入」ボタン（**図 2.47** 内③）を押すと，コードセルに 2 つのコードが挿入される．

図 2.47　Web カメラからの動画像取得の準備

　2 つのコードを実行すると，ブラウザが PC に搭載されている Web カメラの使用許可を求めてくるので，「許可」ボタンを押す（**図 2.48** 内①）．

図 2.48 Web カメラの使用許可

すると，PC に搭載されている Web カメラからの動画像が表示される（**図 2.49** 内①）．また，動画像表示の上の部分に，「Capture」ボタンが表示される（**図 2.49** 内②）．

図 2.49 Web カメラからの動画像の表示

この「Capture」ボタンを押すと，押された瞬間の画像が取得され，ファイルとして保存される．保存されるファイル名は，「photo.jpg」となる（**図 2.50** 内①）．

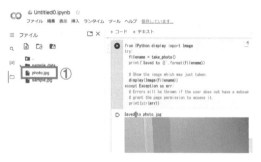

図 2.50 画像ファイルへの保存

Google Colaboratory における GPU の設定方法

　ノートブックの設定を変更するだけで，GPU を利用できるようになる．「ランタイム」（図 2.51 内①）から「ランタイムのタイプを変更」（図 2.51 内②）を選択する．

図 2.51　ランタイムのタイプの変更

　ハードウェアアクセラレータがデフォルトで「None」に設定されているので，これを「GPU」に変更し（図 2.52 内①），保存ボタン（図 2.52 内②）を押す．この操作によって，GPU が利用可能な新しいランタイムが生成される．

図 2.52　ハードウェアアクセラレータを GPU に変更

豆知識　Google Colab における PC に搭載されたカメラからの動画像取得

　PC に搭載されている Web カメラから動画像を取得し，GoogleColab でその動画像を表示するためには，GoogleColab が提供するコードスニペットのような特別なコードが用意されておらず，独自に動画像取得のためのプログラムが必要になる．

　GoogleColab の環境で PC に搭載されたカメラから直接動画像を取得するには，大まかに 2 つの方法がある．詳しくは，https://github.com/a2kiti/webCamGoogleColab　で公開されているコードを見ていただきたい．

Chapter 3

画像入力装置と静止画・動画フォーマット

画像処理はコンピュータを使って行われるが，そのためにはまず，物体からの光の明るさや色に関する情報（光学情報）をコンピュータで扱えるデータに変換して，コンピュータに入力する必要がある．本章では，光学情報をコンピュータで扱えるデジタルデータに変換するさまざまな装置や，変換時のさまざまな様式について解説する．また，最近は光学情報だけでなく，物体までの距離情報をコンピュータで扱えるデジタルデータに変換するさまざまな装置も存在するので，これらについても簡潔に解説する．

これらの装置の構造や，変換時のさまざまな様式について理解することは，正しく画像処理結果を評価する際にも大いに役立つ．

3.1 画像入力装置

　物体からの反射光をデジタルデータ（画像）としてコンピュータに入力する装置には，**デジタルカメラ**などの撮像装置と，**イメージスキャナ**などの走査装置がある．デジタルカメラは，3次元空間中に存在する物体からの反射光を2次元データとして入力する．イメージスキャナは，紙などに印刷されたものからの反射光を2次元データとして入力する．デジタルカメラとイメージスキャナはどちらも，物体からの反射光をイメージセンサによってデジタルデータ化するA/D変換機器として機能する．また，最近は，物体までの距離情報をデジタルデータ（画像）としてコンピュータに入力する装置として，RGB-Dカメラと呼ばれているものも存在する．以下では，これら3つの装置について解説する．なお以下では，デジタルカメラはカラーカメラであるとして話を進める．

3.1.1 デジタルカメラ

　デジタルカメラは，被写体からの光を対物レンズで収束して結像し，その結像部に**CCD**（Charge Coupled Device）**イメージセンサ**あるいは**CMOS**（Complementary Metal Oxide Semiconductor）**イメージセンサ**などの**エリアイメージセンサ**を配置して，受けた光（光子）をその強さに応じた電気信号の強さに変換することで，被写体の画像を生成する．デジタルカメラの内部構成を**図3.1(b)**に示す．デジタルカメラの内部では，通常，動く被写体をきわめて短い時間（数千分の1秒単位）で切り取り，

(a) 外観写真

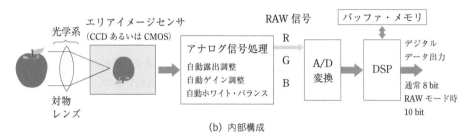

(b) 内部構成

図 3.1 デジタルカメラ
(写真提供：キヤノンマーケティングジャパン株式会社)

データ化している．短時間にデータ化する必要があるため，受光部分に受光素子が平面上に配置されたエリアイメージセンサを使用している．被写体のデータ化を一度だけ行うと，その被写体の静止画を取得することができる．また，被写体のデータ化を連続的に行うと，その被写体の動画を取得することができる．

▶エリアイメージセンサ

デジタルカメラの**エリアイメージセンサ**の受光面には，光子を電荷に変換する受光素子（画素）が多数配置されている．デジタルカメラで高級な一眼レフに使用されているエリアイメージセンサの大きさは，フルサイズと呼ばれており，36 mm×24 mm である．これに対して，普及版のデジタルカメラに使用されているエリアイメージセンサの大きさは，1/2.3 型と呼ばれるサイズで，6.2 mm×4.7 mm である．現在のデジタルカメラでは，この小さな限られた面積の中に 1000 万個以上の素子が並んでいる．

エリアイメージセンサの大きさが同じなら，素子数が多いほど得られる撮影画像の解像度が高くなる．一方で，エリアイメージセンサ内の素子数が同じなら，受光素子のサイズが大きい方が画像の解像度は高くなる．また，受光素子のサイズが大きいほど，蓄積できる電荷の量が多くなり，ノイズが相対的に小さくなるため，画質が向上する．逆に，受光素子のサイズが小さいほど，ノイズが相対的に大きくなるために，画質が低下する．特に，光量の少ない暗部では，この影響が顕著になる．

これらの要因以外に，画像の解像度は，レンズの解像度にも依存している．レンズの解像度とは，レンズが焦点面に結像した画像で，1 mm あたり何本の線を識別できるかを表すものである．レンズの解像度の測定方法は ISO 12233 で規定されている．**図 3.2** に示した**解像度チャート**をエリアイメージセンサいっぱいに写るように撮影し，その画像を拡大して観測し，線の白黒をどこまで見分けられ

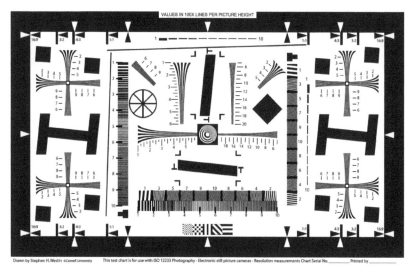

VALUES IN 100X LINES PER PICTURE HEIGHT

図3.2 解像度チャート
（出典：ISO 12233）

るかという測定方法である．レンズの解像度は，レンズの収差（球面収差，色収差など）に依存している．これらの収差によって，レンズは屈折した光を理想的な一点に収束できず，一定の大きさのスポット光になる．したがって，受光素子のサイズがこのスポットより小さくなった場合，それ以上分解能は向上しないことになる．

　エリアイメージセンサには，CCD と CMOS という2種類の撮像素子が存在する．CCD と CMOS の違いについては，参考文献[1]などを参照していただきたい．これらのエリアイメージセンサの受光素子は，光の強弱を感知するだけで，色の情報を感知することはできない．したがって，エリアイメージセンサを用いてカラー画像を取得するためにはカラーフィルタにより光の3原色（赤，緑，青）に色分解を行い，エリアイメージセンサによりそれぞれの色成分の強度を取得する．エリアイメージセンサにより色成分ごとの強度を取得する方法の違いによって，デジタルカメラには，3板式デジタルカメラと単板式デジタルカメラの2つの種類が存在する（ちなみに，これら2つの方式以外のものも存在する）．

豆知識 **レンズ収差**

　レンズを通した光が屈折により理想的な一点に収束しないことを**レンズ収差**（lens aberration）という．通常5種類の収差があるが，デジタルカメラで問題になるのは球面収差（spherical aberration）と色収差（chromatic aberration）である（図3.3）.

・球面収差：球面のレンズではレンズの中心から離れた部分ほど屈折力が強くなる．その結果，一点に光が収束せず，一定の範囲を持ったスポット光になる．この現象を球面収差という．この現象を防ぐために，非球面レンズがある．非球面レンズでは，レンズの中心から離れた部分の曲率がゆるくなるよう，その形状が設計されている．

・色収差：太陽光線（白色光）をレンズに通した場合，波長の短い光ほど，屈折率が高くなる．したがって，結像した像の周辺に虹色のにじみが出る．この現象を色収差という．この現象を防ぐために，数枚のレンズを重ねた**色消しレンズ**（achromatic lens）がある．しかし，レンズの枚数を増やし過ぎると，光透過率が下がってしまうという問題が生じる．

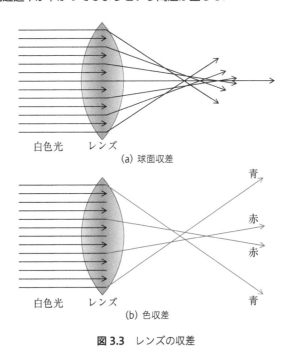

白色光　　　レンズ
(a) 球面収差

白色光　　　レンズ
(b) 色収差

図 3.3　レンズの収差

▶ 3 板式デジタルカメラ

　3 板式デジタルカメラでは，入射光を特殊なプリズムを使って赤成分（R），緑成分（G），青成分（B）に分離して，RGB 各色をそれぞれのエリアイメージセンサで受け取り，各成分の画像データを外部へ出力する（**図 3.4**）．この画像では，画素ごとに R, G, B のデータを持っているので，出力先での色変換処理が必要ない．ただし，出力の際には転送データが大きくなることに注意する必要がある．3 板式デジタルカメラは，他の方式に比べ最も忠実に色を再現できるために，色を重視する検査などに用いられる．一方で，エリアイメージセンサを 3 つ必要とするため，装置が高価になる．

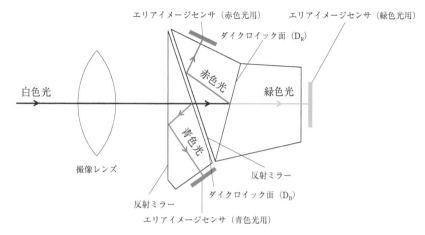

図 3.4 3 板式デジタルカメラの構造

▶単板式デジタルカメラ

単板式デジタルカメラでは，1 つのエリアイメージセンサでカラー画像を取得する．画像の画素ごとに異なるカラーフィルタを持つ．カラーフィルタの色配列でよく使用されているのが Kodak 社のベイヤー（Bayer）氏が考案した**ベイヤーパターン**（Bayer pattern）である．ベイヤーパターンでは，ヒトの視覚特性を利用して，R, G, B のカラーフィルタを配置する．ヒトの目は可視光領域の中心部分，緑の波長領域で感度が最高になる．そこで，ベイヤーパターンでは，エリアイメージセンサの総画素数 N に対して，G のカラーフィルタの個数を N/2 とし，R と B のカラーフィルタの個数をそれぞれN/4 としている．また，ベイヤーパターンでは，エリアイメージセンサの各画素上に，R, G, B のカラーフィルタをそれぞれ 1 個ずつ市松模様のように配置しているために，このまま画像を生成すると R, G, B 各色が市松模様のように並んだ画像になってしまう．

ベイヤーパターンカラーフィルタの配列として，**図 3.5** のようなものが多く使用されているが，実際には，メーカーごとにその配列パターンは異なる．また，同じメーカーでも機種間で異なる場合も

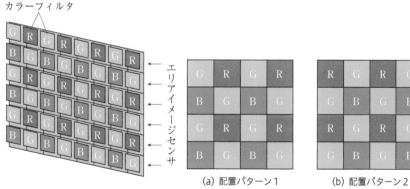

図 3.5 ベイヤーパターン

ある. **図3.5**から分かるように, ベイヤーパターンカラーフィルタ配列を用いると, 1つの画素位置にはRGBの3色のうちの1色分の画素データしか存在しない. そのため, 1枚の画像データ量はカラー画像の1/3になる. したがって, ベイヤーパターンカラーフィルタ配列のままの画像データには, 特別な圧縮処理を施さなくても, データ量の削減効果があることになる.

単板式デジタルカメラ内部には, 1色分の画像と同じデータ量の中に3色分の画像データが埋め込まれているので, 単板式デジタルカメラは色再現性の点では3板式デジタルカメラに劣る. しかし, 単板式デジタルカメラは, その製造コストが3板式デジタルカメラに比べると安価であるために, 現在最も普及している.

3.1.2 イメージスキャナ

デジタルカメラのエリアイメージセンサは, 2次元(平面)的に受光素子を配置しているのに対し, イメージスキャナの**リニアイメージセンサ**は1次元(線状)的に受光素子を配置している(**図3.6**). このような構造の違いから, デジタルカメラが, 面の広がりを持つ動きのある対象を瞬間的に捉えるのに対し, イメージスキャナは, リニアイメージセンサを使用しているため, 紙などに印刷された文字や絵を固定した状態で, リニアイメージセンサが移動(走査)しながら, ある程度時間をかけて取り込み, データ化する必要がある.

イメージスキャナにおいて, 受光素子が並んでいる方向を**主走査方向**, リニアイメージセンサ, あるいは, イメージスキャナで読み込む原稿が移動する方向を**副走査方向**という. リニアイメージセンサの各画素について, ある時刻において入力できるのは1画素であるが, リニアイメージセンサか原稿のどちらかを副走査方向に時間経過とともに1ステップずつ移動させながら読み取ることで, リニアイメージセンサの各画素に関して1ライン分の画像を取得できるため, 結果的に原稿全体を2次元の画像として取得することが可能になる.

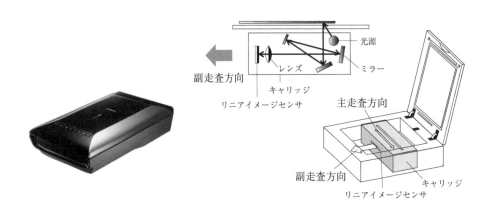

(a) 外観写真   (b) 構造

図3.6 イメージスキャナ
(写真提供:キヤノンマーケティングジャパン株式会社)

イメージスキャナでは，主走査方向の解像度はリニアイメージセンサの受光素子数（画素数）で決まり，副走査方向の解像度はリニアイメージセンサの移動ステップの頻度で決まる．たとえば，主・副とも 600 dpi という読み込み解像度のイメージスキャナの場合，A4 サイズ（210 mm×297 mm）の原稿は，4961（＝210/25.4×600）×7016（＝297/25.4×600）≒ 3480 万画素の解像度で読み込んでいることになる．イメージスキャナは，原稿を読み取るための光学系によって，縮小光学系と密着光学系の 2 種類に分類できる．縮小光学系は，平面的な原稿だけでなく，ある程度の厚みのあるもの（たとえば，本のページを読み込むような場合の綴じ代の部分）でも読み取ることができるという特徴がある．一方，密着光学系は，原稿が少しでも浮き上がっていると，鮮明に原稿を読み込むことができない．

3.1.3 RGB−D カメラ

近年普及しているスマートフォンやタブレット端末には，**RGB−D カメラ**が搭載されているものがある．RGB−D カメラには，通常のデジタルカメラと**深度カメラ**（一般的には，赤外線カメラと赤外線プロジェクタの 2 つの装置が対となった装置）が搭載されており，これら 2 つのカメラによって被写体のカラー情報と被写体までの距離情報を画素単位に同時に測定することができる．たとえば，Apple 社の 11 インチ iPad Pro に搭載されている深度カメラ（Apple 社では LiDAR スキャナと呼んでいる）の配置は，**図 3.7** のようになっている．このような深度カメラによって得られる画像のことを**距離画像**または**深度画像**（depth map, depth image）と呼ぶ．

距離画像では，各画素に被写体までの距離が数値として保存されており，これを**深度値**（depth）という．通常の濃淡画像では 1 画像に 8 bit の輝度値が割り当てられているが，距離画像では，1 画素に 11 bit の深度値が割り当てられている深度カメラもある．深度カメラは，被写体までの距離を測る方法の違いによって，**パターン投影型カメラ**と **TOF 型カメラ**に大別される．TOF は，Time Of Flight の頭文字をとったものである．

パターン投影型カメラでは，赤外線プロジェクタから構造化した単一のパターンを対象物体に投影し，赤外線カメラで対象を撮影して，撮影した画像からパターン内の各場所の移動量を画像処理で計

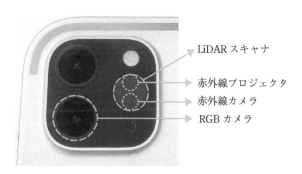

LiDAR スキャナ
赤外線プロジェクタ
赤外線カメラ
RGB カメラ

図 3.7 11 インチ iPad Pro に搭載されている RGB-D カメラ
（写真出典：https://commons.wikimedia.org/wiki/File:LiDAR_Scanner_and_Back_Camera_of_iPad_Pro_2020_-_2.jpg）

算することによって，三角測量の原理に基づいて，画像上の各点の深度値を算出している．

　一方，TOF 型カメラでは，投射したレーザが対象まで往復するのにかかる時間を計測して，これをもとに深度値を計測する．時間の計測には光の位相差を使う．位相とは，波などの周期的な現象においてその周期中の位置を表す量である．光は横波であるため波長に応じた周波数すなわち周期を持っており，周期中の位置のずれ（時間）は位相のずれ（位相差）として表すことができる．この位相差を計測して，それを時間に変換し，光の速度（秒速 30 万 km）を乗算することで，対象までの距離を求める．なお，深度カメラの距離計測原理や距離画像を対象としたさまざまな処理の詳細については，改めて第 11 章で紹介する．

3.2 画像入力のための前処理

3.2.1 標本化・量子化

　エリアイメージセンサからは，光の強度情報がアナログ信号として出力されている（図 3.1）．この光の強度情報（光強度）をデジタル画像として取り出すためには，A/D 変換する必要がある．一般的にアナログ信号をデジタル信号に変換する際には，その変換過程での損失を少なくするために，**標本化・量子化**処理について注意する必要がある．

　エリアイメージセンサの受光面には，光子を電荷に変換する受光素子が 2 次元的に配置されており，これらの受光素子が標本点となって，光強度を空間的に標本化する．したがって，エリアイメージセンサの受光面に M×N の受光素子があると，生成される画像は，M×N 個の画素で構成される．

　量子化処理では，標本化したアナログ値としての光強度を離散的な数値に変換する．量子化後の各画素の値を**画素値**といい，離散化の段階数を**量子化レベル**という．たとえば，256 段階で量子化することを **8 bit 量子化**という．ここで，1 画素に割り当てられた bit 数のことを **bit 深度**という．なお，画像の標本化・量子化については，第 4 章で詳しく解説する．

3.2.2 エリアイメージセンサからの色情報の取得

　デジタル画像内のそれぞれの画素が，ある 1 つの色の濃淡を表している場合，このデジタル画像を特に**モノクロ画像**という．また，デジタル画像内のそれぞれの画素が，明るさの濃淡を表している場合は，**グレースケール（濃淡）画像**という．さらに，デジタル画像内のそれぞれの画素が，さまざまな色の濃淡を表している場合は，**カラー画像**という．

　カラー画像を取得するためには，まず，エリアイメージセンサから出力される色情報を取得する必要がある．この取得方法は，3 板式デジタルカメラと単板式デジタルカメラとで異なる．

　3 板式デジタルカメラでは，特殊なプリズムにより入射光を 3 原色に色分解し，それらの赤成分（R），緑成分（G），青成分（B）を，それぞれのエリアイメージセンサで受け取り，R, G, B の成分ごとの画像データを生成する．この画像データの形式を **RGB フォーマット**という．このフォーマットのカ

ラー画像の各画素は，これら3色の濃淡で表される．あらゆる色は赤，緑，青の3色を合成して表現できるため，色の再現性の高い画像を取得する際には，このフォーマットを用いる．このフォーマットのカラー画像は，赤，緑，青の3色に相当する3枚のモノクロ画像からなっている（図3.8）．しかし，このフォーマットのカラー画像を連続的に伝送する際には，1枚の画像当たりのデータ量が多くなるため，何らかのデータ圧縮が必要になる．

　一方，単板式デジタルカメラでは，エリアイメージセンサの受光素子ごとに異なるカラーフィルタを持たせることによって入射光を3原色（赤，緑，青）に色分解し，1つのエリアイメージセンサでカラー画像を取得する．この画像データの形式のことを**RAW フォーマット**という．RAW フォーマットの画像データの各画素値は，被写体の色情報を正確に再現していない．そこで，画素ごとに周辺の画素の出力を用いて補間演算を行うことにより，画素ごとに RGB の組を生成して，カラー画像へ変換する必要がある．この補間演算を**色変換処理**または**デモザイキング処理**（demosaicing）などと呼ぶ．

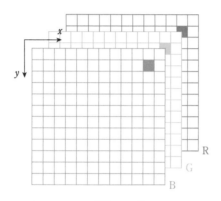

図 3.8　3枚のモノクロ画像から構成されるカラー画像

▶デモザイキング処理のアルゴリズム

　RAW フォーマットの画像は，カラー画像を RGB の各成分のみを通過させるベイヤーフィルタを利用し1枚のエリアイメージセンサへ入力することで得られる．その結果1枚のエリアイメージセンサ上に RGB の各色成分が入力されることとなり，画素値は**図3.5(a)**，**(b)**に示すような画像となる．

　単板式デジタルカメラから出力された画像は，**図3.9**に示すように1つの画素位置には RGB 3色のうちの1色分の画素データしか保持しない．**図3.9**のような RAW フォーマットの各画素における RGB の各数値を計算する方法は以下の通りである．なお，計算方法には多数の方法があり，ここで紹介するものは最も簡単なものである．

　図3.9の座標 $(1,1)$ では，この画素には R 成分が保存されている．そこで，この画素における，G 成分，B 成分を求めるために，隣接する座標 $(2,1)$ と座標 $(1,2)$ に保存されている G と，座標 $(2,2)$ に保存されている B の値を利用する．座標 $(1,1)$ の RGB の各数値は，以下のように計算する（**図3.10 (a)**）．

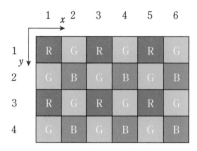

図 3.9 RAW フォーマット画像の各画素値の様子

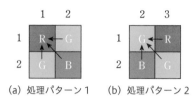

(a) 処理パターン1　　(b) 処理パターン2

図 3.10 デモザイキング処理の様子

R ＝座標（1, 1）の R の値をそのまま利用

G ＝座標（2, 1）と座標（1, 2）の G の平均値を利用

B ＝座標（2, 2）の B の値を利用

同様に，座標（2, 1）の RGB の各数値は，以下のように計算する（**図 3.10（b）**）．

R ＝座標（3, 1）の R の値を利用

G ＝座標（2, 1）と座標（3, 2）の G の平均値を利用

B ＝座標（2, 2）の B の値を利用

これらの計算を，画像内のすべての画素で行うことによって，グレースケール画像と同容量の画像データに対して，カラー画像を生成することができる．

▶ YUV フォーマット

先述したようにカラー画像を連続的に伝送する際には，1 枚の画像当たりのデータ量が多くなるため，何らかのデータ圧縮が必要になる．RAW フォーマットのカラー画像は，すでにデータ圧縮がされているといえるが，RGB フォーマットのカラー画像を連続的に安定して伝送するためには，単位時間に送信できるデータ転送量を小さくする必要がある．このような目的で使用するカラー画像のデータフォーマットとして，YUV フォーマットがある．

YUV フォーマットは，色情報を輝度信号（Y），輝度信号と青色成分の差（U または Cb），輝度信号と赤色成分の差（V または Cr）の組み合わせで表す．ヒトの目が変化を敏感に感じ取れる輝度信号と，そうではない色差信号に分けて色情報を表現している．第 5 章で紹介するが，画像データのフォーマットとして YUV フォーマットの YUV で表される色空間は，実際は YCbCr 色空間である．YUV フォーマットには，いくつかの種類が存在する．Y, U, V のデータを水平方向 4 画素あたりに，それぞれどの程度の比率で持たせるかを YUVxyz という形で表す．たとえば，YUV444, YUV422, YUV411 などがある．

YUV444

YUVそれぞれを等量のデータで持つ．各データを256階調＝8bitで持たせた場合，8bit＋8bit＋8bit＝24bitが1画素あたりのデータ量となる．つまり，同じ階調幅のRGBデータとデータ量が同じになる．各画素とY, U, Vの各データの対応は，図3.11に示したようになる．4つの画素に対して，Y, U, Vがそれぞれ4個ずつ存在する．

YUV422

ヒトの目があまり敏感ではないU, Vの色差成分を間引いてある．各画素とY, U, Vの各データの対応は，図3.12に示すようになる．4つの画素に対して，Yが4個，U, Vがそれぞれ2個ずつ存在する．この場合は，8bit＋4bit＋4bit＝16bitが1画素あたりのデータ量となり，データ量を圧縮することができる．

YUV411

このフォーマットでは，U, Vの色差成分を4分の1まで間引いている．各画素とY, U, Vの各データの対応は，図3.13に示すようになる．4つの画素に対して，Yが4個，U, Vがそれぞれ1個ずつ存在する．1画素あたりの情報量は8bit＋2bit＋2bit＝12bitである．

デジタルカメラから送られてくるYUVフォーマットの画像データをファイルとして保存したり，ディスプレイに表示したりする際には，これらのYUV値からRGB値に変換する色変換処理が必要となる．この色変換処理に関しては第5章で紹介する．また，デジタルカメラから送られてくるYUVデータを直接使って色抽出処理を行う場合もある．

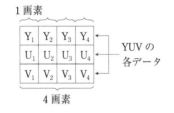

図3.11 YUV444フォーマットの各画素とYUV値の対応

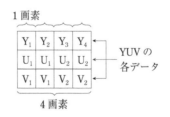

図3.12 YUV422フォーマットの各画素とYUV値の対応

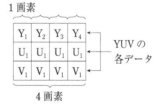

図3.13 YUV411フォーマットの各画素とYUV値の対応

3.3 画像ファイルの生成

エリアイメージセンサによって取得された画像データは，コンピュータ上でのさまざまな利用目的のために，ファイルとして保存することが多い．ファイルとして保存する場合には，コンピュータやその他の装置においても利用できるように，定められたルールにしたがって保存する必要があるため，画像データのファイルフォーマットは，いくつかの種類が存在し，画像の用途に応じて使い分けられ

ている．また，連続していない単独の画像データのことを，特に**静止画像**という．

　画像データをファイルとして保存する方式は，画像データの圧縮方法の違いによって，**非圧縮，可逆圧縮，非可逆圧縮方式**の3つに分類できる．

　非圧縮方式は，カメラで入力されたRGB 3原色の画素値をそのままの状態で保存する方法である．この方式で保存される代表的なファイルフォーマットは，**BMP**（bitmap）**ファイルフォーマット**である．

　可逆圧縮方式は，元の画素値の情報を圧縮しても元の情報を回復できる状態で（可逆的に〈lossless〉）保存する方法である．この方式で保存される代表的なファイルフォーマットは，**TIFF**（Tagged Image File Format）である．

　非可逆圧縮方式は，元の画素値の情報を回復できない状態で（非可逆的に〈lossy〉）圧縮して保存する方法である．この方式で保存される代表的なファイルフォーマットは，**JPEG**（Joint Photographic Experts Group）**ファイルフォーマット**である．

　以下では，コンピュータで使用されるいくつかの代表的な画像ファイルフォーマットについて紹介する．

BMP ファイルフォーマット

　Windowsでの標準画像フォーマットで，拡張子は「.bmp」である．各画素における色や濃度に関する情報を量子化した値として書き出し，特殊な圧縮を掛けていない．ファイルサイズは大きくなるが，構造が単純で，汎用性が高い．画像情報をそのまま維持しているので，このファイルフォーマットから他のどんなファイルフォーマットに変換することも可能である．圧縮する場合は，圧縮方法の1つであるRLE（ランレングス）を使用する．

TIFF

　正式名称は，Tagged Image File Formatで，拡張子は「.tif」である．多くのOSでサポートされているので，TIFFで保存しておけば，他のファイルフォーマットへの変換は可能である．一般的に圧縮は可逆的である．

GIF

　正式名称は，Graphics Interchange Formatで，拡張子は「.gif」である．インターネット上で，帯域負荷を少なくしながら画像データを転送するために開発・提唱された画像フォーマットである．GIFには，圧縮技術としてLZW（Lempel-Ziv-Welch）アルゴリズムが採用されている．GIFで扱える最大bit深度は8 bitまでのため，表現できる色は256色であるという制限がある．扱える色数が少ないため，フルカラー画像をGIFに変換すると，色の情報が失われる．

　画像内の1つの色（透過色と呼ばれる）を指定して，画像の一部またはすべてを透明にすることができる．このとき，透過の設定は「完全な透過」か「不透明」の2段階のみ指定でき，「半透明」などは設定できない．1つのファイルに複数の画像を格納できるので，GIFの画像ファイル1つでアニメーションを表示できる．

PNG ファイルフォーマット

正式名称は，Portable Network Graphics で，拡張子は「.png」である．GIF が特許問題によって自由に利用できなくなってしまったため，GIF に代わるライセンスフリーの新しい画像フォーマットを作ろうと，インターネットとコンピュータグラフィックスの専門家が集まって結成した PNG Group により開発された．可逆圧縮の画像フォーマットのため，圧縮による画質劣化がない．圧縮アルゴリズムとしてライセンスフリーの Deflate を採用しているため，特許問題がない．PNG ファイルフォーマットでは，最大 16 bit のグレースケール画像，フルカラーと最大 48 bit のカラー画像を表現できる．8 bit までのインデックスカラー画像も表現できる．透過属性「アルファチャンネル」や「透過色」を表現できる．

JPEG ファイルフォーマット

JPEG は Joint Photographic Experts Group が定めたデジタル静止画像の圧縮符号化方式を用いた画像ファイルフォーマットで，拡張子は「.jpeg」である．デジタルカメラの多くは JPEG での保存を標準としており，汎用性に優れる．「24 bit カラーを扱える」「（一般的に）データの圧縮方式が非可逆圧縮である」などが特徴である．

非可逆圧縮を用いているので，同じ画像を繰り返し編集した後 JPEG ファイルフォーマットで保存する場合，画像を保存するたびに少しずつ画質が悪くなる．色数の少ない画像では画質の劣化が目立つ．シャープネスの強い画像はファイルサイズが大きくなる傾向がある．

HEIF，HEIC

正式名称は，High Efficiency Image File format, High Efficiency Image Container format で，拡張子は「.heif」「.heic」である．HEIF はデジタル画像や画像シーケンスを保存するためのファイルフォーマットで，最新の Android および iOS デバイスのカメラアプリケーションなどで作成される．Motion Picture Experts Group によって開発され，2015 年から商業的に使用されている新しいファイル

表 3.1　画像ファイルフォーマットとその特徴

内容 ＼ ファイルフォーマット	BMP	PNG	JPEG	GIF
色数	モノクロ2階調 24 bit フルカラー	24 bit フルカラー 48 bit カラー	24 bit フルカラー	モノクロ2階調 8 bit カラー
色空間	RGB	RGB グレースケール	RGB CMYK YCbCr グレースケール	RGB
透過	×	○	×	○
アニメーション	×	△	×	○
画質劣化	なし	なし	あり	色数が同じなら基本なし
データサイズ	非常に大きい	そこそこ小さい	非常に小さい	非常に小さい

フォーマットである．HEIF は，JPEG ファイルフォーマットよりも効率的に圧縮することができ，同じファイルサイズの JPEG ファイルフォーマットと比較して，100% 以上の品質を保持することができる．また，バーストフォト（多くの写真を高速で連続撮影すること）を 1 つのファイルに収めることができる．HEIC は，複数の HEIF 画像と音声などの追加メディアをパッケージ化できる，いわゆるコンテナフォーマットの名称である．コンテナフォーマットについては次節の豆知識を参照されたい．

　代表的な画像ファイルフォーマットの特徴を表 3.1 にまとめた．また，この表内に記載の色空間については第 5 章で詳しく説明する．

豆知識　JPEG ファイルフォーマットにおける圧縮技術

　JPEG ファイルフォーマットには，多くの技術を統合した高度な圧縮技術が使用されている．JPEG ファイルフォーマットの画像を生成する場合，以下に示したような処理が施される．

1. 色情報を RGB から YCbCr に変換する．
2. 画素全体を 8×8 画素のブロック単位に分解する．
3. 各ブロックに DCT（周波数解析）を行い，結果の値を量子化する．
4. 量子化した値をジグザグスキャンし，ランレングスコーディングを行う．
5. 直流成分は DPCM で圧縮する．
6. これをハフマンコードで符号化し，ブロックの順に出力する．

3.4　動画ファイルの生成

　動画像とは，動く画像のことで，**映像**とも呼ばれる．先述したように静止画像に関していくつかのファイルフォーマットがあったように，動画像にもいくつかのファイルフォーマットが存在する．ここでは，それら動画像のファイルフォーマットについて簡単に紹介する．

　まず，動画像のファイルの容量について少し考察してみる．ただし，一般的に，動画像のファイルの中には，画像データだけでなく音声データが含まれているが，以下では，画像データのみが含まれているものとして考察する．

　動画像は，静止画像を連続的につなぎ合わせることによっても生成することができる．仮に，横 1920 画素，縦 1080 画素の画像で，1 画素あたりに RGB の 3 色に bit 深度 8 で色情報が格納されており，このような画像が 1 秒間に 30 枚の割合で動画像を生成したときの，この動画像のファイル容量について考えてみる．この動画像の 1 秒当たりのデータ量は，1920×1080×1(byte)×3×30 = 186624 Kbyte になる．このデータ量であると，記録容量 4.7 GB の DVD のメディアに，25 秒の動画像しか保存できないことになる．

つまり，動画像を保存するためには，何らかのデータ圧縮を施す必要があり，これまでさまざまな圧縮方法が考えられてきた．まず，動画像ファイルフォーマットやその圧縮方法に関わる，以下の用語について紹介する．

フレームレート

フレームレート（frame rate）は単位時間あたりの動画像を構成する静止画像の枚数を表す．通常は「1秒間に何枚（フレーム）の静止画像で構成されているか」を表し，fps（フレーム／秒：frames per second）という単位を用いる．たとえば，フレームレートが低いと，「カクカクした動き」になるが，フレームレートが高くなればなるほど，滑らかな動きの動画像になる．しかし，その分，ファイル容量も大きくなる．

ビットレート

ビットレート（bit rate）は単位時間あたりのデータ量を表す．通常，ビットレートは「1秒間のデータ量」を表し，bps（ビット／秒：bit per second）という単位を用いる．フレームレートが高い場合はデータ量も大きくなるため，ビットレートも高くなる．

圧縮率

圧縮後のデータの情報量が元のデータに比べてどの程度減ったかを示す割合を表す．計算式は（元のデータ量−圧縮後のデータ量）／（元のデータ量）である．

描画方式（プログレッシブ／インターレース）

描画方式とは，映像信号の走査方式を表す．「**プログレッシブ**」と「**インターレース**」がある．プログレッシブは，画像1枚を一度に走査する．インターレースは，画像1枚を2回に分けて走査する．

動画像の圧縮処理は，次のような3つの処理からなる．まず1つ目は画像データのもつ冗長性を除去する処理である．この処理として，**動き補償**（MC：Motion Compensation）と**離散コサイン変換**（DCT：Discrete Cosine Transform）を組み合わせた方式が一般的である．2つ目は，人間の視覚特性を利用して，画像データを代表値のみで表現する量子化処理である．最後に3つ目は符号理論に基づき符号割り当てを行う処理である．ここで，動き補償の処理が，動画像の圧縮処理における圧縮効率向上の多くの部分を担っている．

以下に示す手順で，動き補償の処理が行われる．

まず，対象画像と参照画像（時間的に過去の画像）を用いて，参照画像内の被写体の動き方向と大きさを表す動きベクトルを検出する．次に，参照画像と動きベクトルから動き補償された参照画像を作成する．この動き補償された参照画像と対象画像との差分（予測画像）を算出する．動きベクトルと予測画像と元の参照画像を用いれば，対象画像を復元することができる（**図3.14**）．このような処理を**動き補償フレーム間予測**という．このとき，動きベクトルと予測画像のデータ量は，対象画像のデータ量に比べて小さくなっているので，結果的に動画像を生成する際のデータ量が少なくて済むことになる[6]．

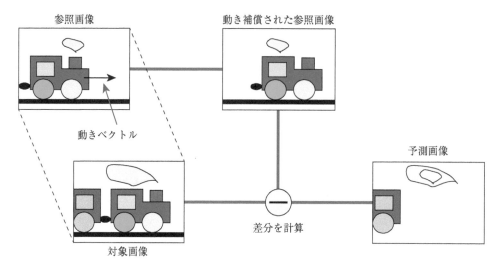

参照画像

動き補償された参照画像

動きベクトル

予測画像

対象画像

差分を計算

図 3.14 動き補償フレーム間予測
（文献[7]を参考に作成）

以下では，代表的な動画像のファイルフォーマットについて紹介する．

Motion JPEG ファイルフォーマット

動画像を構成している静止画像一枚一枚を，圧縮したファイルフォーマットの画像にすれば，動画像ファイル全体の容量を小さくすることができる．このときの静止画像を JPEG ファイルフォーマットにした動画像ファイルフォーマットを Motion JPEG という．Motion JPEG は，動き補償フレーム間予測の処理を用いておらず，他のフォーマットのものと比べると圧縮率は低いが，圧縮処理が簡単であり，このフォーマットの動画像ファイルから簡単に静止画像を切り出せるという利点がある．

Windows で用いられる拡張子が「.avi」の動画像ファイルや，Apple 社のデバイスで用いられる拡張子が「.mov」の動画像ファイルは，同じ Motion JPEG ファイルフォーマットの動画像ファイルとして分類されるが，これら 2 つの動画像ファイルの中の構造は異なっている．

先述した動き補償フレーム間予測と離散コサイン変換（DCT）を組み合わせて圧縮率を高くした動画像のファイルフォーマットが，MPEG-1, MPEG-2, MPEG-4 などである．ただし，これらの動画像のファイルから，静止画像 1 枚を切り出すことは簡単にはできない．

MPEG-1 ファイルフォーマット

この圧縮方式では，画像サイズ 352×240 画素（アナログテレビ〈SDTV〉の 1/4 程度のサイズ），30 fps の動画が，1.5 Mbps までのデータ量に圧縮される．主に CD-ROM を使った動画再生用のファイルフォーマットである．CD-ROM に 1 時間程度の動画を記録できるように設計された．ファイルの拡張子は，「.mpg」，「.mpeg」，「.m1v」である．

MPEG-2（または H.262）ファイルフォーマット

　この圧縮方式では，画像サイズ 720×480 画素，30 fps の動画が，15～80 Mbps までのデータ量に圧縮される．テレビ放送並みの画質から HDTV（高精細テレビ）並みの画質まで扱えるように設計されている．DVD-Video の映像の記録には，MPEG-2 が使われている．ファイルの拡張子は，「.mpg」，「.mpeg」，「.m2v」などである．

MPEG-4（または H.264）ファイルフォーマット

　この圧縮方式では，画像サイズ 176×144 画素，30 fps の動画が，10 ～ 4000 kbps までのデータ量に圧縮される．主に，携帯端末やインターネットでの利用を想定して設計されている．MPEG-4 ファイルフォーマットで動画像データを伝送できるカメラもある．ファイルの拡張子は，「.mpg」，「.mpeg」，「.mp4」（正確には MPEG-4 Part14 で決められたフォーマットのファイルのみに使用される）である．

豆知識　コーデックとコンテナ

　コーデックとは，映像データと音声データをそれぞれ圧縮・変換・復元する方法を表している．語源は「coder（コーダ）」と「decoder（デコーダ）」をつなぎ合わせた略語である．コーデックは一般的に映像データ用，音声用がある．

　動画像は膨大な量の静止画によってできているため，そのままの状態では容量が大きすぎて都合が悪いので，圧縮して容量を小さくする必要がある．この圧縮・変換する処理のことを「**エンコード**」と呼ぶ．圧縮したままでは動画像が再生できないので，元の状態へ復元する必要がある．この復元処理を「**デコード**」と呼ぶ．

　画質や圧縮率などによる違いにより，圧縮・変換処理にはさまざまな方法があり，それに応じてコーデックにはさまざまな種類が存在する．たとえば，MPEG-1, MPEG-2, MPEG-4 は，映像データに関するコーデックの名前で，MP3 は，音声データに関するコーデックの名前である．

　一方，**コンテナ**とは，映像データと音声データをまとめるのに使用するファイルフォーマットを表している．コンテナには，映像データと音声データの両方が入っているものや，音声データのみが入っているものなどがある．

　動画像のファイルを再生する際に，映像が表示されない・音声が出ない，動画像自体が再生されないなどの問題が発生することがある．これは，圧縮したときのコーデックと再生（復元）するときのコーデックが異なっていることが原因である場合が多い．たとえば，MPEG-4 というコーデックで圧縮された動画像ファイルは，コンピュータに同じ MPEG-4 のコーデックがインストールされていないと再生することができない．このように，復元する際，すなわち，動画像を再生する際には，同じ種類のコーデックが必要であることに注意しなければならない．

　代表的なコンテナと，それに対応するファイルの拡張子，映像データのコーデックの関係を表すと表 3.2 のようになる．

表 3.2　コンテナと使用されている映像コーデック

コンテナ名	拡張子	使用されている映像コーデック
AVI	.avi	H.264，Xvid，DivX，MPEG-4
MP4	.mp4 .m4a	H.264，Xvid，DivX，MPEG-4
MOV	.mov .qt	H.264，MJEG，MPEG-4
MPEG2-TS	.m2ts .ts	H.264，MPEG-2
MPEG2-PS	.meg .mpg	MPEG-2，MPEG-1，MPEG-4
MKV	.mkv	H.264，Xvid，DivX，MPEG-4
WMV	.wmv (.asf)	WMV9
FLV，F4V	.flv .f4v	VP6，H.263，H.264（バージョンによる）
ASF	.asf (.wmv)	H.264，Xvid，DivX，MPEG-4
VOB	.wmv	MPEG-2，MPEG-1
WebM	.webm	VP9，VP8
OGM	.ogm	Xvid，DivX

3.5　さまざまな動画撮影機器と映像インタフェース

　ここでは，コンピュータで画像処理するために用いられる代表的な動画撮影機器と，それらの機器をコンピュータに接続するための代表的な映像インタフェースについて紹介する．ビデオカメラなどの動画撮影機器から出力される映像信号を高速かつ確実にコンピュータへ伝送するために，さまざまなアナログインタフェースやデジタルインタフェースがある．

　まず，映像信号には，信号の種類の違いの観点から分類すると，アナログ信号，デジタル信号の2つがある．また，信号の形態の違いの観点から分類すると，コンポジット信号，コンポーネント信号の2つがある．コンポジットには「複合の」という意味があり，コンポジット信号とは，1つの信号にいくつかの情報が複合された信号ということになる．たとえば，アナログコンポジット信号には，輝度信号，2つの色差信号，水平同期・垂直同期信号，カラーバースト信号が1つの信号の中に取り込まれている．一方，コンポーネントには「要素の」という意味があり，コンポーネント信号とは，要素ごとに分けられた信号ということになる．デジタルの映像信号はすべてコンポーネント信号になっている．

　PC やその他の映像機器からの出力では，アナログコンポーネント信号もある．たとえば，PC からの映像を VGA 端子や DVI-A 端子を用いてモニタに表示する際の信号である．映像信号はさまざまな機器から出力されるものが存在するため，ここでは特に，民生用カメラから出力される代表的な映像信号を**表 3.3**にまとめた．

　産業用カメラの映像インタフェースとして代表的なものには，Camera Link や CoaXPress がある．

Camera Link は，専用ケーブルで接続する必要があり，最大ケーブル長は 10 m である．CoaXPress は，同軸ケーブルで接続し，最大ケーブル長は 130 m である．現存する産業用カメラの映像インタフェースの中で最も高速かつ長距離に接続できるという特徴がある．詳しくは文献[11]を参照されたい．

表 3.3 で紹介した映像インタフェースでは，さまざまな端子が使用されている．カメラを映像処理装置に接続するためには，端子形状を把握しておかなければならない．図 3.15 に，代表的な映像機器の端子の写真を掲載する．接続に必要なケーブルの資料は文献[12]を参照されたい．

表 3.3　映像信号と映像インタフェース

信号の種別	信号の形態	色信号形式	端子名称
アナログ信号	コンポジット信号	NTSC，PAL SECAM	RCA端子
			S端子
			BNC
デジタル信号	コンポーネント信号	RGB，YC_BC_R	HDMI
		YC_BC_R	IEEE1394
	USB	非圧縮/圧縮	USB
	GigE Vision	非圧縮/圧縮	LAN端子

(a) RCA 端子

(b) 1394a

(c) 1394b

(d) USB-A 端子

(e) USB Type-C 端子

(f) USB3.x Micro-B 端子

図 3.15　代表的な映像機器の端子

次に，画像処理システムで用いられることの多い代表的なカメラについて紹介する．

NTSC カメラ（アナログビデオ信号を出力するカメラ）

コンピュータ側に，Conexant 社のビデオキャプチャチップセット「Bt8x8」が搭載されている映像入力デバイス（フレームグラバ）が必要である．Windows では Video For Windows（VFW），Linux では Video For Linux（V4L）というドライバでそのデバイスが認識される．

USB カメラ（Web カメラなど）

最近の USB カメラは，UVC（USB Video Class）という規格によって，コンピュータにある USB ポートに接続するだけでドライバが自動的にインストールされて，デバイスが認識される．フレームグラバは必要ない．一昔前までは，このタイプのカメラも，Windows では Video For Windows（VFW），Linux では Video For Linux（V4L）というドライバでデバイスが認識されていた．USB カメラの端子には，USB-A，USB3.x Micro-B，USB Type-C など，いくつかの種類が存在するので，コンピュータに接続する際に用意する接続ケーブルの選定には注意が必要である．

IEEE 1394 カメラ

IEEE 1394 とは，Apple 社が主導して開発した高速シリアルバスの名称で，Apple 社では FireWire と呼ばれている．コンピュータ側に，IEEE 1394 に準拠したビデオキャプチャチップセットが搭載されているフレームグラバが必要で，Linux では libdc 1394 や libraw 1394 といったドライバを用いることで，カメラから出力される画像にアクセスできるようになる．一昔前は，割と主流なインタフェースだったが，最近はほとんど見られなくなった．IEEE 1394 カメラの端子には，1394a，1394b というピン数の異なる種類が存在するので，コンピュータに接続する際に用意する接続ケーブルの選定には注意が必要である．

GigE Vision カメラ（産業用カメラ）

GigE Vision は Automated Imaging Association（AIA）によって定められた規格で，イーサネット技術がベースになっているため，特別な端子やケーブルが不要である．コンピュータにある LAN ポートに接続し，専用のドライバをインストールすることで，デバイスが認識される．また，最大 100 m までのケーブル長に対応できるため，産業用カメラとして用いられることが多い．

OpenCV を利用してカメラから画像を取り込む際には，使用できるカメラは，利用する OS に依存している．OpenCV はカメラから画像を取り込む際には，カメラに付属する API（ライブラリ）を使用しているので，OpenCV を構築する際に，それらの API を組み込んでいるか否かで，カメラが利用できるか否かが決まる．OpenCV でサポートされていないカメラ（API）を使用して画像処理する場合は，制御や画像の取得には使用するカメラに付属の API（たとえば，Point Grey Research 社のカメラを使うためのライブラリ FlyCapture など）を使用して，画像取得した後に OpenCV に渡してやる必要がある．**表 3.4** に OpenCV でサポートされている API を列挙しておく．

表 3.4　OpenCV がサポートする API の例

OS	API名	説　　明
Windows	DirectShow	Microsoft 社の Windows 用マルチメディア拡張 API 群である DirectX に含まれる API の 1 つ
	Video For Windows (VFW)	Microsoft 社の Windows3.1 のときにできた動画再生用の API
	CMU 1394 Digital Camera Driver	IEEE 1394 カメラを制御するためのインタフェース
	Matrox Imaging Library (MIL)	Matrox 社の画像処理ライブラリ
	OpenNI Camera Drivers	Kinect, Xtion 操作用のライブラリ
Linux	IIDC standard compliant cameras driver (libdc1394 (API v1 or API v2))	IEEE 1394 カメラを制御するためのインタフェース
	PvAPI for Prosilica GigE Vision camera driver	産業用の GigE Vision カメラを制御するライブラリ
	The uniform API for image acquisition devices (unicap)	unicap ライブラリ
	Video For Linux (V4L or V4L2)	Linux 用のビデオキャプチャ用ライブラリ
	OpenNI Camera Drivers	Kinect, Xtion 操作用のライブラリ
OS X	QuickTime	Apple 社が開発するマルチメディアライブラリ
	OpenNI Camera Drivers	Kinect, Xtion 操作用のライブラリ

参考文献

[1] トランジスタ技術編集部（編）：CCD/CMOS イメージ・センサ活用ハンドブック，CQ 出版社，2010.

[2] ディジタル画像処理編集委員会（監修）：ディジタル画像処理，CG-ARTS 協会，2004.

[3] トランジスタ技術 2012 年 8 月号，CQ 出版社.

[4] シーシーエス株式会社　テクニカルガイド　光と色の話　第一部
https://www.ccs-inc.co.jp/guide/column/light_color/

[5] 中川治平：図解雑学 レンズのしくみ，ナツメ社，2010.

[6] 児玉明，フレーム間予測技術，映像情報メディア学会誌，Vol. 67, No.4 , pp. 1103–1109（1995）
https://doi.org/10.3169/itej.67.303

[7] ケイエルブイ株式会社　【ビデオ圧縮形式の基本】MPEG など 3 形式を基礎から紹介
https://www.klv.co.jp/corner/camera/basic-knowledge/what-video-compression-format.html

[8] https://www.jsa.or.jp/datas/media/10000/md_2471.pdf

[9] https://www.ieice-hbkb.org/files/02/02gun_05hen_04.pdf

[10] https://aviutl.info/dougakeisiki-konntena/

[11] http://jiia.org/wp-content/themes/jiia/pdf/fsf.pdf

[12] https://atmarkit.itmedia.co.jp/ait/subtop/features/windows/cableconnect_index.html

Chapter 4

デジタル画像と配列

本章では，まずアナログカメラの構造や撮像の仕組みについて簡単に解説する．次に，アナログ画像をデジタル化するための 2 つのステップと問題点について解説する．さらに，デジタル化された画像の仕組みや，内部の構造，画像を直接操作して自由に作成する方法について解説する．最後に，OpenCV での画像の扱い，画像ファイルやカメラ映像の読み込みなど，画像処理の基本となるプログラムについて解説する．

4.1 画像のデジタル化

　近年，携帯端末にはデジタルカメラが搭載されることが当たり前となり，以前に比べてフィルム式のカメラを見かける機会は激減した．しかし現在でも，駅の売店やコンビニエンスストアなどでレンズ付きフィルム（図 4.1 (a)）が販売されているのを見かける．

　興味があれば，ぜひ一度分解してみることをおすすめする（フラッシュ発光用の高電圧発生回路があるため，分解の際には十分に注意すること）が，このようなカメラには図 4.1 (b) のような写真フィルム（単にフィルムとも呼ばれる）が内蔵されている．写真フィルムは感光剤が塗布された薄く細長いプラスチックのシートであり，映像を光学的に記録することが可能である．感光剤に塩化銀（銀塩）が用いられていたことから，銀塩カメラと呼ばれることもある．

　写真フィルムはこのままでは取り扱いが面倒なため，このシートを丸めてカートリッジに封入した状態が図 4.1 (c) のフィルムカートリッジであり，多くのレンズ付きフィルムの中身にはこのようなものが封入されている．

(a) 外観

(b) 写真フィルム

(c) フィルム
カートリッジ

図 4.1　レンズ付きフィルム
（写真提供：富士フイルム株式会社）

写真撮影の際には，まずカートリッジからフィルムが少し引き出される．そしてシャッターボタンを押すことにより，レンズとフィルムの間にあるシャッターがごく短時間だけ開き，取り込まれた光によってフィルムが感光し，映像が記録される．写真フィルムでは光の強さに応じて感光剤が変色・退色することによって映像が記録されるため，アナログデータである．

しかし，コンピュータで画像を処理する際にはアナログデータのままでは都合が悪いため，デジタル化する必要がある．デジタル化の処理はおおまかに以下の2つのステップで行われる．

▶空間のデジタル化：標本化

元の画像の領域を横幅方向に width 個，高さ方向に height 個に分割する．その結果，デジタル画像は width×height 個の整数値の集合となる．この間隔のことを**標本化間隔**（sampling rate）と呼ぶ．また分割された小領域を**画素**または**ピクセル**（pixel），width×height を**解像度**（resolution）と呼ぶ．width と height の値が大きい（標本化間隔が小さい）ほど精細な画像となるが，その分，画像のデータサイズは増大するため，用途に応じて適宜解像度を決定すべきである（図 4.2）．

標本化間隔の大小によって入力画像の再現性は変化する．入力画像に存在する縞模様（高周波成分）を再現するためには，その縞模様の間隔の 1/2 より小さな標本化間隔で**標本化**（sampling）する必要がある．これを**シャノン**（Shannon）の**標本化定理**（または**サンプリング定理**）という．またこの標本化定理を満たす最大の標本化間隔のことを**ナイキスト**（Nyquist）**間隔**，その逆数を**ナイキスト周波数**という．

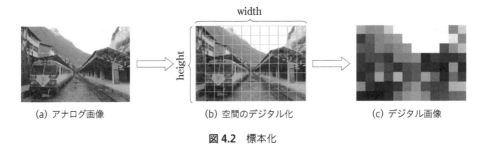

(a) アナログ画像　　　　　(b) 空間のデジタル化　　　　　(c) デジタル画像

図 4.2　標本化

▶画素値のデジタル化：量子化

各画素の値を整数値に変換する処理を**量子化**（quantization）という．量子化後の各画素の値を**画素値**（pixel value），各画素に割り当てられる bit 数のことを**bit 深度**（bit depth）または**色深度**（color depth）と呼ぶ．bit 深度は，**bpp**（bit per pixel）という単位で表現される．小さい bit 深度で表現した場合には，画像のデータ量は小さくなるが，濃淡の階調表現が荒くなる（図 4.3）．一方，大きい bit 深度で表現した場合には，画像のデータ量は大きくなるが，濃淡の階調表現が精細になる．

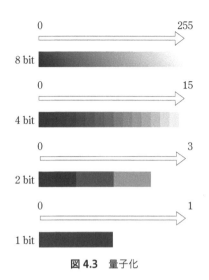

図 4.3 量子化

さまざまな bit 深度の画像

▶ 1 bit 画像

　各画素に 1 bit の情報を割り当てた画像である．つまり，黒（0）と白（1）だけで表現された 2 階調の画像であり，2 値画像とも呼ばれる（図 4.4（a））．

▶ 8 bit 画像

　各画素に 8 bit（1 byte），つまり 256 階調（0 ～ 255）の情報を割り当てた画像である（図 4.4（b））．通常，グレースケール画像を指し，0 が最も暗く（黒），255 が最も明るい（白）画素値となる．

　しかし，GIF の画像などで使われている 256 色インデックスカラー画像も 8 bit 画像である．

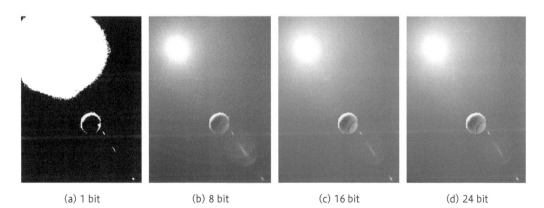

| (a) 1 bit | (b) 8 bit | (c) 16 bit | (d) 24 bit |

図 4.4　さまざまな bit 深度の画像

16 bit カラー（ハイカラー）画像

各画素の R, B にそれぞれ 5 bit（32 階調），G に 6 bit（64 階調），合計で 16 bit（2 byte）を割り当て，色を表現する（**図 4.4(c)**）．よって，色の組み合わせは 32×32×64 = 65536 となる．

▶ 24 bit カラー画像

各画素の R, G, B にそれぞれ 8 bit（1 byte，256 階調），合計で 24 bit（3 byte）を割り当て，色を表現する（**図 4.4(d)**）．よって，色の組み合わせは 256×256×256 = 16777216 となる．このため，1600 万色カラーや 1670 万色カラー画像と呼ぶこともある．24 bit カラー画像全体のデータ量は，総画素数×3 byte となる．

豆知識　インデックスカラー画像

各画素に 8 bit（1 byte）の情報を割り当てた画像であるが，グレースケール画像ではなく，各画素に 256 種類の色番号を割り当てた画像である．インデックスカラーの色番号と実際の色の対応を定義する表を**カラーマップ**（color map）と呼ぶ．このカラーマップの参照番号が各画素に保存されている．したがって，実際，インデックスカラー画像を表示する際には，色番号から実際の色に変換する処理が必要となるが，カラーマップを参照するだけで，その画素の色を表現できるので高速に画像を表示することが可能である．通常，約 1670 万色（24 bit カラー画像参照）の中から任意の 256 色を選択使用でき，高い色解像度を持ちつつデータ量を大幅に抑えることができるという特徴がある．GIF の画像は，このインデックスカラー画像である．

4.3 デジタル画像の座標系

通常，数学で扱う 2 次元座標系は，右向きが x 軸の正方向，上向きが y 軸の正方向である．しかし，コンピュータ内で画像を扱う場合には，画像の左上を原点として，原点から右向きを x 軸の正方向，原点から下向きを y 軸の正方向とすることが一般的である（**図 4.5**）．数学での 2 次元座標系と y 軸の向きが反転しているため，少し違和感を覚えるだろうが慣れてほしい．

図 4.5　コンピュータ内での画像の座標系

画像ファイルフォーマット：PGM ファイルフォーマット，PPM ファイルフォーマット

　PGM（Portable Gray Map）**ファイルフォーマット**は画像ファイルフォーマットの1つで，グレースケール画像を表現することができる．古くから用いられており，データ形式が非常に単純で，ASCII フォーマットで保存できる．そのためメモ帳などのテキストエディタで直接編集が可能であり，画像処理を学ぶうえで便利である．しかし残念ながら，Windows 標準の画像表示アプリケーションでは PGM ファイルフォーマットの画像が表示できないので，irfan view[1] などの画像ビューアを別途インストールして利用する．

　たとえば，PGM ファイルフォーマットで保存された**図 4.6(a)**のようなファイルを画像ビューアで表示させると，**図 4.6(b)**のように黒背景に白十字が描かれた白黒のごく小さな画像が表示される．等倍表示では小さすぎるので，ここでは拡大して表示している．

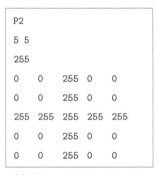

(a) 画像ファイルをメモ帳で表示　　(b) 画像ファイルを画像ビューアで表示

図 4.6　PGM ファイルフォーマットの画像例 1

　ファイル1行目の「P2」は**マジックナンバー**と呼ばれており，ASCII フォーマットの PGM ファイルフォーマットであることを示している．その他にもいろいろなマジックナンバーが定義されているが，ここでは割愛する（豆知識参照）．ファイル2行目の「5 5」が画像の解像度で，この場合は縦横それぞれ5ピクセルで，画素数は25である．3行目の「255」は画素値の最大数であり，この場合は各画素を 8 bpp の bit 深度で扱うということになる．4行目以下が画像本体を表している．0が黒画素，255が白画素であり，255が縦横中央部分に並んでいるため，白い十字の画像を構成していることが分かるだろう．

　次に，縦横9ピクセルの**図 4.7(a)**のような PGM ファイルフォーマットのファイルを画像ビューアで表示させると，**図 4.7(b)**のようにグラデーションのあるグレースケール画像となる．各画素値の大小によって，画素の明暗が変化していることが分かるだろう．これらの PGM ファイルフォーマットのファイルを実際に作成して画像ビューアで表示させてみてほしい．また，PGM ファイルフォーマットのファイルをテキストエディタで開き，画素値や画像の解像度を変えてみて，画像が変化することを確認してほしい．

```
P2
9 9
255
    0    32    64    96   128   160   192   224   255
   32    64    96   128   160   192   224   255   224
   64    96   128   160   192   224   255   224   192
   96   128   160   192   224   255   224   192   160
  128   160   192   224   255   224   192   160   128
  160   192   224   255   224   192   160   128    96
  192   224   255   224   192   160   128    96    64
  224   255   224   192   160   128    96    64    32
  255   224   192   160   128    96    64    32     0
```

(a) 画像ファイルをメモ帳で表示 　　　　　　(b) 画像ファイルを画像ビューアで表示

図 4.7　PGM ファイルフォーマットの画像例 2

ASCII フォーマットの 3×3 ピクセルカラー画像（**PPM**（Portable Pixel Map）**ファイルフォーマット**と呼ばれる）の一例を**図 4.8** に示す．各画素で 3 つの値を持っており，赤緑青の順で 0 から 255 までの数値で混色する．さきほどと同様にテキストエディタで記述して，拡張子を ppm とすれば irfan view で表示できる．

```
P3
3 3
255
255    0   0    0  255    0    0    0  255
255  127   0    0  255  127  127  127  255
255  255   0    0  255  255  255  255  255
```

(a) 画像ファイルをメモ帳で表示 　　　　　　(b) 画像ファイルを画像ビューアで表示

図 4.8　PPM ファイルフォーマットの画像例

　画像ビューアにおける拡大縮小処理時の自動補完

　画像表示アプリケーションでは，画像を拡大表示させた際に美しく見せるために自動で補完処理を施すものが多い．しかし，補完処理されるとぼやけて詳細が見えなくなり，画像処理結果を確認する場合には不便である．画像ビューア irfan view では，この補完機能を無効化することができる．設定方法は，「View」メニューから「Display options」を選択し，「Use Resampling for zooming」のチェックを外せばよい．

- P1：ASCII フォーマットの 2 値画像
- P2：ASCII フォーマットのグレースケール画像
- P3：ASCII フォーマットのカラー画像
- P4：バイナリフォーマットの 2 値画像
- P5：バイナリフォーマットのグレースケール画像
- P6：バイナリフォーマットのカラー画像

練習問題 4.1

テキストエディタと適当な画像表示アプリケーションを使って，以下の問いに答えよ．

- □ **1.** 横 10 ピクセル，縦 10 ピクセル，bit 深度 8 bpp の，全画素が黒の PGM ファイルを用意せよ．
- □ **2.** 座標 (3, 8) に白い点（画素値 255）を描画せよ．
- □ **3.** 座標 (2, 5) から (8, 5) まで白い線を描画せよ．
- □ **4.** 座標 (5, 2) から (5, 8) まで白い線を描画せよ．
- □ **5.** 座標 (3, 2) から (5, 8) まで白い線を描画せよ．
- □ **6.** 座標 (2, 2) と (7, 5) を頂点とする白い矩形を描画せよ．
- □ **7.** 座標 (5, 1)，(1, 8)，(9, 8) を頂点とする三角形を白い線で描画せよ．
- □ **8.** 練習問題 4.1 の問題 7 の三角形を白で塗りつぶせ．
- □ **9.** 白い線で星形を描画せよ．さらに，白で塗りつぶした星形も描画せよ．

4.5 デジタル画像と配列

コンピュータで画像処理するためには，まずファイルやカメラから画像を読み込み，プログラムから画素値を直接読み書きできる状態にする必要がある．画像やカメラからのデータ読み込み方法には多種多様な方法があるので，ここでは割愛する．読み込まれたデータは 1 次元または 2 次元配列として扱われることがほとんどである．さきほどの白十字の画像を例に，**配列**（ここでは img という変数名にしている）要素に画素値を与えると以下のようになる（**図 4.9**）．

1 次元配列の場合は，左上の画素から順に 0, 1, 2, …, 24 と，各画素に番号が振られる．

```
img[0]  = 0;    img[1]  = 0;    img[2]  = 255; img[3]  = 0;    img[4]  = 0;
img[5]  = 0;    img[6]  = 0;    img[7]  = 255; img[8]  = 0;    img[9]  = 0;
img[10] = 255;  img[11] = 255;  img[12] = 255; img[13] = 255;  img[14] = 255;
img[15] = 0;    img[16] = 0;    img[17] = 255; img[18] = 0;    img[19] = 0;
img[20] = 0;    img[21] = 0;    img[22] = 255; img[23] = 0;    img[24] = 0;
```

一般的に，横（`width`）ピクセル，縦（`height`）ピクセルの白黒画像の場合，(x, y) 座標の画素に値 255 を代入するには，

```
img[y * width + x] = 255;
```

となる．また，最後（右下）の画素に値 128 を代入するには，

```
img[(height - 1) * width + (width - 1)] = 128;
```

となる．座標値は 0 から始まるため，$x \leq \text{width} - 1$，$y \leq \text{height} - 1$ であることに注意してほしい．
　2 次元配列の場合は，第 1 要素に y 座標，第 2 要素に x 座標という順に番号が振られる．

```
img[0][0] = 0;    img[0][1] = 0;    img[0][2] = 255; img[0][3] = 0;    img[0][4] = 0;
img[1][0] = 0;    img[1][1] = 0;    img[1][2] = 255; img[1][3] = 0;    img[1][4] = 0;
img[2][0] = 255;  img[2][1] = 255;  img[2][2] = 255; img[2][3] = 255;  img[2][4] = 255;
img[3][0] = 0;    img[3][1] = 0;    img[3][2] = 255; img[3][3] = 0;    img[3][4] = 0;
img[4][0] = 0;    img[4][1] = 0;    img[4][2] = 255; img[4][3] = 0;    img[4][4] = 0;
```

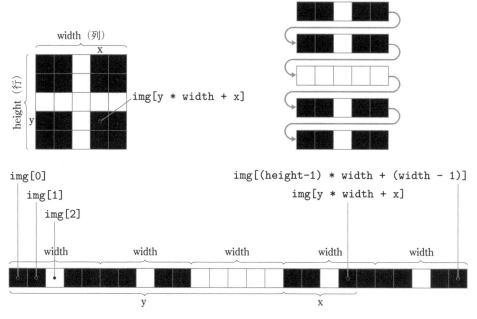

図 4.9　デジタル画像と配列

テキストエディタと適当な画像表示アプリケーションを使って，以下の問いに答えよ．

□ **1.** 以下のサンプルプログラムを参考に，図 4.7 の PGM 画像をプログラムで作成せよ．

□ **2.** 画像用配列の宣言部分（8 行目）を，unsigned char img[height * width]; と１次元配列に
変更して，練習問題 4.2 の問題１と同様に，図 4.7 の PGM 画像生成プログラムを作成せよ．

▌ プログラムリスト 4.5：練習問題 4.2

```
 1   # include <iostream>
 2   # include <fstream>
 3   using namespace std;
 4
 5   int main()
 6   {
 7     const int width = 9, height = 9;
 8     unsigned char img[height][width]; // 画像用配列
 9     string filename = "output.pgm"; // ファイル名
10     ofstream fout(filename);  // ファイルを開く
11
12     // 画像生成
13     for(int y = 0; y < height; y++) {
14       for(int x = 0; x < width; x++) {
15         // ここに処理を記述する
16       }
17     }
18
19     // ファイル出力
20     fout << "P2" << endl;
21     fout << width << " " << height << endl;
22     fout << "255" << endl;
23     for(int y = 0; y < height; y++) {
24       for(int x = 0; x < width; x++) {
25         fout << (int)img[y][x] << " ";
26       }
27       fout << endl;
28     }
29     fout.flush(); // ファイルを保存する
30     fout.close(); // ファイルを閉じる
31
32     return 0;
33   }
```

4.6 OpenCV での画像の扱い

OpenCV では画像データを Mat というクラスで主に扱う．**Mat クラス**が持っている代表的なメン
バ変数とメンバ関数には，**表 4.1** のようなものがある．

表 4.1 Mat クラスの代表的なメンバ変数とメンバ関数

メンバ変数, メンバ関数	意味
`cols`	画像の幅
`rows`	画像の高さ
`data`	画像データへのポインタ
`depth()`	bit深度
`channels()`	チャンネル数
`type()`	データ型
`step`	画像1行分のbyte数（cols × channels）

bit 深度を取得するメンバ関数 `depth()` の戻り値はその値自体が bit 深度値ではなく，opencv2/core/types_c.h の中で定義された定数値で表されるので，注意が必要である．

```
1  # define CV_8U    0
2  # define CV_8S    1
3  # define CV_16U   2
4  # define CV_16S   3
5  # define CV_32S   4
6  # define CV_32F   5
7  # define CV_64F   6
```

同様に，データ型を取得するメンバ関数 `type()` の戻り値も opencv2/core/types_c.h の中で定義されており，1 チャンネルのものを抜粋すると，以下のように定義されている．

```
1  # define CV_CN_SHIFT    3
2  # define CV_MAKETYPE(depth, cn) (CV_MAT_DEPTH(depth) + (((cn)-1) << CV_CN_SHIFT))
3  # define CV_8UC1 CV_MAKETYPE(CV_8U, 1)
4  # define CV_8SC1 CV_MAKETYPE(CV_8S, 1)
5  # define CV_16UC1 CV_MAKETYPE(CV_16U, 1)
6  # define CV_16SC1 CV_MAKETYPE(CV_16S, 1)
7  # define CV_32SC1 CV_MAKETYPE(CV_32S, 1)
8  # define CV_32FC1 CV_MAKETYPE(CV_32F, 1)
9  # define CV_64FC1 CV_MAKETYPE(CV_64F, 1)
```

2 値画像やグレースケール画像などの 1 チャンネルの画像において，(x, y) 座標の画素に値 255 を代入するには，以下のように書けばよい（図 4.10）．

```
1  img.data[y * img.step + x] = 255;
```

赤緑青の 3 チャンネルを持つカラー画像の場合，OpenCV では各画素には BGR（青緑赤）の順で画素値が格納される．たとえば，(x, y) 座標にある G の画素に値 255 を代入するには，以下のように書けばよい（図 4.11）．

```
1  img.data[y * img.step + x * img.channels() + 1] = 255;
```

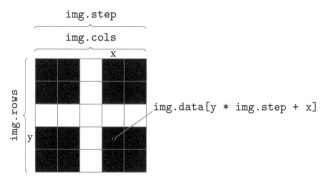

図 4.10 Mat クラスでの 1 チャンネル画像のメモリ内部

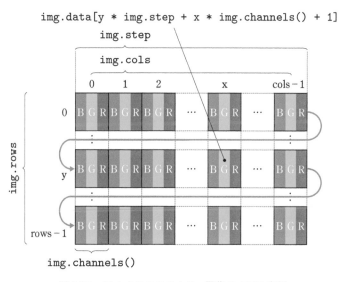

図 4.11 Mat クラスでのカラー画像のメモリ内部

4.7 C++ 言語における OpenCV ひな形プログラム

　C++ 言語で OpenCV を使った基本的なひな形プログラムを 2 つ紹介する．1 つは入力画像をファイルから読み込んで，目的の処理をした後に，入力画像と出力画像を画面に表示し，出力画像をファイルに保存する例である．

　もう 1 つは，カメラから入力画像を取り込み，目的の処理をして画面表示する，という一連の処理を無限ループで回し続ける例である．

　第 5 章以降では OpenCV を使ったさまざまなプログラムを掲載するが，プログラム全体を書くのは紙面の無駄である．そこで，第 5 章以降ではこれらのひな形プログラムの「// ここに核となる処理を記述する」の部分のみ掲載するので適宜読み替えてほしい．ここでは，核となる処理として関数

flip を記述している.

プログラムリスト 4.7.1：画像の読み込み，表示，保存（OpenCV と C++ 言語）

```
 1  # define _USE_MATH_DEFINES
 2  # include <iostream>
 3  # include <cmath>
 4  # include <opencv2/opencv.hpp>
 5  using namespace std;
 6  using namespace cv;
 7  string win_src = "src";
 8  string win_dst = "dst";
 9
10  int main()
11  {
12    string file_src = "src.png"; // 入力画像のファイル名
13    string file_dst = "dst.png"; // 出力画像のファイル名
14    // 入力画像（カラー）の読み込み
15    Mat img_src = imread(file_src, IMREAD_COLOR);
16    // 入力画像（グレースケール）の読み込み
17    //Mat img_src = imread(file_src, IMREAD_GRAYSCALE);
18
19    Mat img_dst;
20    if(!img_src.data) {
21      cout << "error" << endl;
22      return -1;
23    }
24
25    // ウインドウ生成
26    namedWindow(win_src, WINDOW_AUTOSIZE);
27    namedWindow(win_dst, WINDOW_AUTOSIZE);
28
29    // ここに核となる処理を記述する
30    flip(img_src, img_dst, 0); // 垂直反転
31
32    imshow(win_src, img_src);  // 入力画像を表示
33    imshow(win_dst, img_dst);  // 出力画像を表示
34    imwrite(file_dst, img_dst); // 処理結果の保存
35
36    waitKey(0); // キー入力待ち
37    return 0;
38  }
```

プログラムリスト 4.7.2：カメラからの連続読み込み（OpenCV と C++ 言語）

```
 1  # define _USE_MATH_DEFINES
 2  # include <iostream>
 3  # include <cmath>
 4  # include <opencv2/opencv.hpp>
```

```
5   using namespace std;
6   using namespace cv;
7   string win_src = "src";
8   string win_dst = "dst";
9
10  int main()
11  {
12    Mat img_src;
13    Mat img_dst;
14    VideoCapture capture(0); // カメラオープン
15    if(!capture.isOpened()) {
16      cout << "error" << endl;
17      return -1;
18    }
19
20    // ウインドウ生成
21    namedWindow(win_src, WINDOW_AUTOSIZE);
22    namedWindow(win_dst, WINDOW_AUTOSIZE);
23
24    while(1) {
25      capture >> img_src; // カメラ映像の読み込み
26
27      // ここに核となる処理を記述する
28      flip(img_src, img_dst, 0); // 垂直反転
29
30      imshow(win_src, img_src); // 入力画像を表示
31      imshow(win_dst, img_dst); // 出力画像を表示
32      if(waitKey(1) == 'q') break; // q キーで終了
33    }
34
35    capture.release();
36    return 0;
37  }
```

豆知識　**カメラ画像取り込みの解像度の設定**

　カメラから画像を取り込む際の解像度は，VideoCapture クラスのメンバ関数 set を用いて指定することができる．関数 set の第 1 引数には CAP_PROP_FRAME_WIDTH, CAP_PROP_FRAME_HEIGHT で横幅，縦幅の設定であることを記述し，第 2 引数にはそれぞれの解像度を数値で指定する．例えば，640 × 480 の解像度にしたい場合には，

　cap.set(CAP_PROP_FRAME_WIDTH, 640);

　cap.set(CAP_PROP_FRAME_HEIGHT, 480);

とすればよい．

　指定できる解像度はカメラによって異なる．また，指定できる縦幅・横幅の組み合わせが限られ

ている場合もある．正しく設定されていない場合，指定通りの解像度でキャプチャが開始されないので，その後の処理に問題が発生することがある．主要な処理に入る前に，一度キャプチャして画像の縦幅・横幅を確認することをおすすめする．

▌ プログラムリスト 4.7.3：カメラ画像取り込みの解像度の設定（OpenCV と C++ 言語）

```cpp
1  #include <iostream>
2  #include <opencv2/opencv.hpp>
3  using namespace std;
4  using namespace cv;
5
6  int main()
7  {
8    Mat img_src;
9    VideoCapture capture(0); // カメラオープン
10   if (!capture.isOpened()) {
11     cout << "error" << endl;
12     return -1;
13   }
14
15   // ウインドウ生成
16   namedWindow("src", WINDOW_AUTOSIZE);
17
18   // 解像度の設定
19   capture.set(CAP_PROP_FRAME_WIDTH, 640);
20   capture.set(CAP_PROP_FRAME_HEIGHT, 480);
21
22   // 解像度の確認
23   capture >> img_src;
24   cout << img_src.cols << " " << img_src.rows << endl;
25
26   while(1) {
27     capture >> img_src; // キャプチャ
28     imshow("src", img_src); // 表示
29     if (waitKey(1) == 'q') break;
30   }
31
32   return 0;
33 }
```

▌ プログラムリスト 4.7.4：カメラ画像取り込みの解像度の設定（OpenCV と Python）

```python
1  import cv2
2  import math
3  import numpy as np
4  import sys
5
6  cap = cv2.VideoCapture(0) # カメラオープン
```

```
 7   if not cap.isOpened():
 8     print('error')
 9     sys.exit()
10
11   # ウインドウ生成
12   cv2.namedWindow('src')
13
14   # 解像度の設定
15   cap.set(cv2.CAP_PROP_FRAME_WIDTH, 640)
16   cap.set(cv2.CAP_PROP_FRAME_HEIGHT, 480)
17
18   # 解像度の確認
19   ret, img_src = cap.read()
20   print(img_src.shape[1], img_src.shape[0])
21
22   while True:
23     ret, img_src = cap.read() # キャプチャ
24     cv2.imshow('src', img_src) # 表示
25     key = cv2.waitKey(1)
26     if key == ord('q'):
27       break
28
29   cap.release()
30   cv2.destroyAllWindows()
```

4.8 Python における OpenCV ひな形プログラム

　Python で OpenCV を使ったひな形プログラムを紹介する．C++ 言語と同じく「画像の読み込み」と「カメラからの連続読み込み」の2種類である．ファイルを保存する際，文字コードを UTF-8 に設定して保存するように留意してほしい．

▍ プログラムリスト 4.8.1：画像の読み込み，表示，保存（OpenCV と Python）

```
 1   import cv2
 2   import math
 3   import numpy as np
 4
 5   file_src = 'src.png'
 6   file_dst = 'dst.png'
 7
 8   # 入力画像（カラー）の読み込み
 9   img_src = cv2.imread(file_src, cv2.IMREAD_COLOR)
10   # 入力画像（グレースケール）の読み込み
11   # img_src = cv2.imread(file_src, cv2.IMREAD_GRAYSCALE)
```

```
12
13   cv2.namedWindow('src')
14   cv2.namedWindow('dst')
15
16   # ここに核となる処理を記述する
17   img_dst = cv2.flip(img_src, flipCode = 0) # 垂直反転
18
19   cv2.imshow('src', img_src) # 入力画像を表示
20   cv2.imshow('dst', img_dst) # 出力画像を表示
21   cv2.imwrite(file_dst, img_dst) # 処理結果の保存
22   cv2.waitKey(0) # キー入力待ち
23   cv2.destroyAllWindows()
```

プログラムリスト 4.8.2：カメラからの連続読み込み（OpenCV と Python）

```
 1   import cv2
 2   import math
 3   import numpy as np
 4
 5   cv2.namedWindow('src')
 6   cv2.namedWindow('dst')
 7   cap = cv2.VideoCapture(0)
 8
 9   while True:
10     ret, img_src = cap.read() # カメラ映像の読み込み
11
12     # ここに核となる処理を記述する
13     img_dst = cv2.flip(img_src, flipCode = 0) # 垂直反転
14
15     cv2.imshow('src', img_src) # 入力画像を表示
16     cv2.imshow('dst', img_dst) # 出力画像を表示
17     ch = cv2.waitKey(1) # キー入力待ち
18     if ch == ord('q'):
19       break
20
21   cap.release()
22   cv2.destroyAllWindows()
```

豆知識　画素値の読み出し，書き込み

　画像メモリへの理解を深めるために，本書では配列による画素値の読み出し・書き込み方法を紹介している．しかし，プログラムの可読性が必ずしもよいとはいえず，またその他にもいくつかの問題が指摘されている．配列の中身をきちんと理解した後には，以下に示すような，より安全かつ可読性の高い方法に移行することも検討されたい．

プログラムリスト 4.8.3：画素値の読み出し，書き込み（OpenCV と C++ 言語）

```cpp
 1  #define _USE_MATH_DEFINES
 2  #include <iostream>
 3  #include <cmath>
 4  #include <opencv2/opencv.hpp>
 5  using namespace std;
 6  using namespace cv;
 7
 8  int main()
 9  {
10    string file_src = "src.png";
11    Mat img_gray = imread(file_src, IMREAD_GRAYSCALE);
12    Mat img_src = imread(file_src, IMREAD_COLOR);
13    namedWindow("src", WINDOW_AUTOSIZE);
14    namedWindow("gray", WINDOW_AUTOSIZE);
15
16    int x = 10, y = 50, v = 255, r = 255, g = 255, b = 0;
17
18    // グレースケール画像の場合
19    cout<< (int)img_gray.at<uchar>(y, x) << endl;
20    img_gray.at<uchar>(y, x) = 255;
21    cout<< (int)img_gray.at<uchar>(y, x) << endl;
22
23    // カラー画像の場合
24    cout << img_src.at<Vec3b>(y, x) << endl;
25    img_src.at<Vec3b>(y, x) = Vec3b(b, g, r);
26    cout << img_src.at<Vec3b>(y, x) << endl;
27
28    imshow("src", img_src);
29    imshow("gray", img_gray);
30    waitKey(0);
31    return 0;
32  }
```

プログラムリスト 4.8.4：画素値の読み出し，書き込み（OpenCV と Python）

```python
 1  import cv2
 2
 3  file_src = 'src.png'
 4  img_gray = cv2.imread(file_src, cv2.IMREAD_GRAYSCALE)
 5  img_src = cv2.imread(file_src, cv2.IMREAD_COLOR)
 6  cv2.namedWindow('gray')
 7  cv2.namedWindow('src')
 8
 9  x = 10
10  y = 50
11  v = 255
12  r = 255
```

```
13   g = 255
14   b = 0
15
16   # グレースケール画像の場合
17   print(img_gray[y, x])
18   img_gray[y, x] = v
19   print(img_gray[y, x])
20
21   # カラー画像の場合
22   print(img_src[y, x])
23   img_src[y, x] = [b, g, r]
24   print(img_src[y, x])
25
26   cv2.imshow('gray', img_gray)
27   cv2.imshow('src', img_src)
28   cv2.waitKey(0)
29   cv2.destroyAllWindows()
```

豆知識　**プログラム内の略語の意味**

　プログラムの変数名や関数名では略語が使われることが多い．特に画像処理のプログラムでは以下の略語がよく使われるので覚えておいてほしい．

- `img`：image（画像）の略
- `src`：source（元）の略
- `dst`：destination（行き先）の略

参考文献

[1]　irfan view
　　　https://www.irfanview.com/

Chapter 5 色空間

画像処理の際には，使用するカメラによって，さまざまな色表現が用いられているため，色変換を行わなければならない場合がある．本章では，さまざまな色空間，それらの色空間の変換方法について解説する．

5.1 さまざまな色空間

コンピュータで映像を提示する際，色情報を表現する方法として，光の三原色である赤（R）・緑（G）・青（B）の組み合わせで表す **RGB データ** が用いられてきた．一方でカメラから出力される映像信号では，通常，色情報を輝度信号（Y），輝度信号と青色成分の差（U），輝度信号と赤色成分の差（V）の組み合わせで表す **YUV データ** が用いられる．現在では，コンピュータの性能向上や動画データの圧縮の必要性などに関連して，コンピュータ内でも YUV データを扱うことが一般的になっている．

以下では，コンピュータで映像を提示する際や，カメラから出力される映像信号などで使用されるさまざまな色空間について解説する．

5.1.1 RGB 色空間

RGB 色空間（RGB color space）とは，赤（R），緑（G），青（B）の 3 色を組み合わせて色彩を表現する方法のことである．これら 3 色は光の 3 原色とも呼ばれ，色を重ねるごとに明るくなり，3 つを等量で混ぜ合わせると白色になる．このことを **加法混色**（additive mixture）と呼ぶ（**図 5.1**）．これに対して，印刷物で色彩を表現するのに用いられるのは，シアン（C），マゼンタ（M），イエロー（Y）の 3 色（色料の 3 原色と呼ばれる）で，これらは混ぜ合わせるほど暗く黒っぽい色に近づくことから，**減法混色**（subtractive mixture）と呼ばれる．実際に印刷する際にシアン，マゼンタ，イエローの 3 色を混ぜても純粋な黒にはならない．そこで，正確に黒色を印刷するために，キープレート（墨：K）を追加する．このような印刷物で色彩を表現するために使用する色空間のことを，一般的に **CMYK 色空間**（CMYK color space）と呼ぶ．主にディスプレイに表示されるデジタルデータを扱う画像処理では加法混色によって色彩を表現する RGB 色空間を用いる．

R, G, B 各色の bit 深度がそれぞれ 8 bit，つまり，それぞれが値域 0〜255 で表されているとき，これら 3 つの値の組を座標とするような 3 次元座標系 0-RGB を考える．このとき，この 3 次元座標系の原点を 1 つの頂点とし，3 つの座標軸をその辺とするような立方体（1 辺の長さが 255）の範囲内で，すべての色が表現できる（**図 5.2**）．

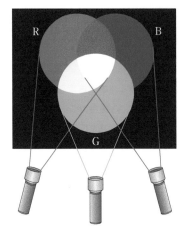

図 5.1 加法混色

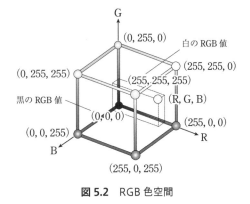

図 5.2 RGB 色空間

5.1.2 プログラム例：カラー画像の各画素の RGB 値を入れ替える

カラー画像の各画素の (B, G, R) 値は，図 5.3 のようにメモリ上で 1 次元配列として保持されているものとする．(B, G, R) 値を (R, B, G) 値の順に入れ替えるプログラム例を以下に示す．

C 言語

```
1  for(int y = 0; y < height; y++) {
2    for(int x = 0; x < width; x++) {
3      img_dst[(y * width + x) * 3] = img_src[(y * width + x) * 3 + 2];
4      img_dst[(y * width + x) * 3 + 1] = img_src[(y * width + x) * 3];
5      img_dst[(y * width + x) * 3 + 2] = img_src[(y * width + x) * 3 + 1];
6    }
7  }
```

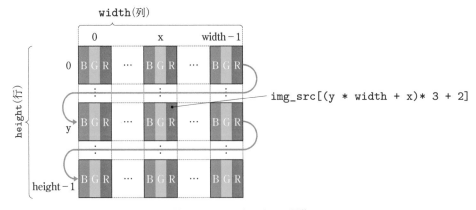

図 5.3 メモリ上のカラー画像

```
1  // 複数色チャンネルの分割
2  vector<Mat> img_bgr(3);
3  split(img_src,img_bgr);
4
5  // 青→赤, 緑→青, 赤→緑に変更
6  merge(vector<Mat>{img_bgr[1], img_bgr[2], img_bgr[0]}, img_dst);
```

関数 split は，マルチチャンネルの配列を，別々のシングルチャンネルの配列に分割する関数である．関数 split では，

- 第 1 引数：マルチチャンネルの入力配列
- 第 2 引数：出力配列

を指定する．

関数 merge は，複数のシングルチャンネルの配列を結合させて（厳密にいえば，要素をインタリーブして），1 つのマルチチャンネルの配列を作成する関数である．関数 merge では，

- 第 1 引数：結合されるシングルチャンネル行列の入力配列
- 第 2 引数：出力配列

を指定する．

■ OpenCV と Python

```
1  # 複数色チャンネルの分割
2  img_bgr = cv2.split(img_src)
3  # 青→赤, 緑→青, 赤→緑に変更
4  img_dst = cv2.merge((img_bgr[1],img_bgr[2],img_bgr[0]))
```

5.1.3　YUV 色空間, YCbCr 色空間

YUV 色空間（YUV color space），**YCbCr 色空間**（YCbCr color space）は，輝度信号 Y と 2 つの色差信号 U（Cb），V（Cr）で表現される映像信号用の色空間である．

色差（color difference）とは，RGB の各色から輝度成分の Y を差し引いた信号のことである．この色空間は，輝度と色差を使って色を表現する．これは，ヒトの目は明るさには敏感であるが，色には敏感でないという，ヒトの視覚特性を利用している．YUV 色空間は，NTSC，PAL，SECAM 信号といったアナログビデオ信号用の色空間であり，YCbCr 色空間は，DVD や HD 映像の記録に使われるデジタルビデオ信号用の色空間である．

また，**表 5.1** と**表 5.2** に示すように，YUV 色空間，YCbCr 色空間の値域は異なる．

表 5.1　YUV 色空間の値域

チャンネル	最小値	最大値	特徴
Y	0	255	
U/V	−128	127	1394TA IIDC spec. 0から255にするにはU, VをU−128, V−128に置き換える.

表 5.2　YCbCr 色空間の値域

チャンネル	最小値	最大値	特徴
Y	16	235	この範囲を越えてデータが存在しても構わないが, 0と255は同期信号に使用するため, 映像データとしては使用できない.
Cb/Cr	16	240	無彩色 (白, 黒, 灰色) が128.

5.1.4　HSV 色空間

　HSV 色空間 (HSV color space) は, 色彩の情報を色相 (色合い, hue), 彩度 (鮮やかさ, saturation), 明度 (明るさ, value もしくは intensity) によって表現する. こうすることで, 明るさの変動を受けにくく, 特定の色を抽出したり, 色合いを変えたりするなどの画像処理が容易にできるようになる. カラー画像を処理する場合, 画像内の明度情報は比較的変化しやすいが, 色相や彩度の情報は比較的安定している. そのため HSV 色空間は, ある特定の色の領域をカラー画像中から抽出する処理によく用いられる.

　RGB 色空間を表す立方体において, 白の頂点 (255, 255, 255) から黒を表す原点 (0, 0, 0) の方向へ, R 軸を右側にとるように見ると, 図 5.4 に示すように, RGB 色空間を表す立方体は正六角形のように見える. このとき, R 軸の方向を基準にして, 反時計回りの回転方向が色相を表し, 正六角形の中心から外側へ向かう方向が彩度を表す. また, 正六角形の平面と垂直な方向が明度を表す (図 5.5). これが, HSV 色空間の六角錐モデルである.

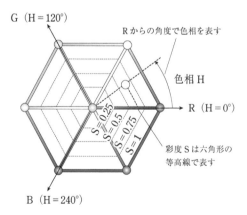

図 5.4　HSV 色空間 (RGB 色空間を白 (R, G, B) = (255, 255, 255) から黒 (R, G, B) = (0, 0, 0) の方向へ見た図)

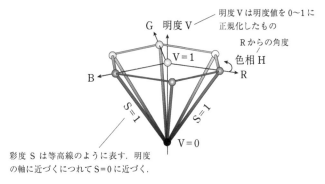

明度 V は明度値を 0〜1 に
正規化したもの

R からの角度

色相 H

彩度 S は等高線のように表す．明度
の軸に近づくにつれて S=0 に近づく．

図 5.5 HSV 色空間（六角錐モデル）

なお，ここで紹介した色空間以外にもさまざまなもの（XYZ，Lab，Luv，HLS 色空間など）が存在する．

5.2 ▶ 色空間の変換

さまざまな色空間が存在するが，それぞれの色空間の間で変換式が規定されている[1]．この中で画像処理に関連するのは，RGB–YUV 間の変換や RGB–HSV 間の変換である．RGB–YUV 間の変換は，デジタルカメラの出力が YUV フォーマットとなっている場合に重要となる（**図 5.6**）．RGB–HSV 間の変換は，カラー画像から特定の色の領域を抽出する処理を行う場合に重要となる．以下では，色空間の間の変換式を解説する．

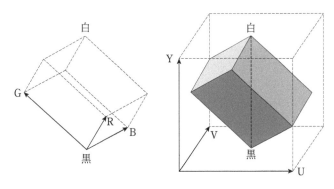

図 5.6 RGB 色空間と YUV 色空間との関係

5.2.1 RGB から YUV への変換

ここでは，R, G, B の値は 0.0〜1.0 に正規化しているものとする．また，変換後の値域の幅は 1.0 となるように変換するものとする．

$$
\begin{aligned}
Y &= 0.299R + 0.587G + 0.114B \\
U &= -0.169R - 0.331G + 0.500B \\
V &= 0.500R - 0.419G - 0.081B
\end{aligned}
\tag{5.1}
$$

5.2.2 YUV から RGB への変換

ここでは，R, G, B の値は 0.0〜1.0 に正規化しているものとする．また，変換後の値域の幅は 1.0 となるように変換するものとする．

$$
\begin{aligned}
R &= 1.000Y + 1.402V \\
G &= 1.000Y - 0.344U - 0.714V \\
B &= 1.000Y + 1.772U
\end{aligned}
\tag{5.2}
$$

5.2.3 RGB から YCbCr への変換

ここでは，R, G, B の値域は 0〜255 になっているものとする．

$$
\begin{aligned}
Y &= 0.257R + 0.504G + 0.098B + 16 \\
Cb &= -0.148R - 0.291G + 0.439B + 128 \\
Cr &= 0.439R - 0.368G - 0.071B + 128
\end{aligned}
\tag{5.3}
$$

5.2.4 YCbCr から RGB への変換

ここでは，R, G, B の値域は 0〜255 になっているものとする．

$$
\begin{aligned}
R &= 1.164\,(Y-16) + 1.596\,(Cr-128) \\
G &= 1.164\,(Y-16) - 0.391\,(Cb-128) - 0.813\,(Cr-128) \\
B &= 1.164\,(Y-16) + 2.018\,(Cb-128)
\end{aligned}
\tag{5.4}
$$

5.2.5 RGB から HSV への変換

ここでの計算は，R, G, B の値は 0.0〜1.0 に正規化されているものとする．(R, G, B) で定義された色が与えられたとすると，それに相当する (H, S, V) は次式により計算することができる．R, G, B の 3 つの値のうち，最大のものを MAX，最小のものを MIN とすると次のように書ける．ただし，H < 0 のときは H = H + 360 として扱う．

$$H = \begin{cases} 60 \cdot \dfrac{G - B}{MAX - MIN} + 0 & (MAX = R) \\[2mm] 60 \cdot \dfrac{B - R}{MAX - MIN} + 120 & (MAX = G) \\[2mm] 60 \cdot \dfrac{R - G}{MAX - MIN} + 240 & (MAX = B) \end{cases} \qquad (5.5)$$

$$S = \frac{MAX - MIN}{MAX} \qquad (5.6)$$

$$V = MAX \qquad (5.7)$$

色相 H は 0.0〜360.0 で変化し，色相が示された色環（彩度 S を一定にして色相を変化させたときにできる円）に沿った角度で表現される．彩度 S および明度 V は 0.0〜1.0 の範囲で変化する．H の範囲は 0〜360 であるが，その範囲を超える H は 360.0 で割った剰余（またはモジュラ演算）でこの範囲に対応させることができる．たとえば −30 は 330 と等しく，480 は 120 と等しくなる．

5.2.6 HSV から RGB への変換

色相 H は 0.0〜360.0 の範囲で変化する角度で表され，彩度 S，明度 V がそれぞれ 0.0〜1.0 の間で変化するものとして，このような (H, S, V) によって定義された色が与えられたとき，次式によって，これに対応する (R, G, B) を決定することができる．ただし，H = 360 のときは H = 0 として扱う．

もし S が 0.0 と等しいなら，最終的な色は無色もしくは灰色である．このような特別な場合，R，G，B は単純に V と等しい．HSV の色空間の定義から，この場合 H は無意味となる．

S がゼロでない場合，次式により，HSV 値から RGB 値に変換できる．

$$H_i = \left\lfloor \frac{H}{60} \right\rfloor \pmod{6} \qquad (5.8)$$

$$f = \frac{H}{60} - H_i \qquad (5.9)$$

$$p = V\,(1 - S) \qquad (5.10)$$

$$q = V\,(1 - fS) \qquad (5.11)$$

$$t = V\,(1 - (1 - f)S) \qquad (5.12)$$

$$\left. \begin{array}{l} H_i = 0 \text{ のとき } R = V, \quad G = t, \quad B = p \\ H_i = 1 \text{ のとき } R = q, \quad G = V, \quad B = p \\ H_i = 2 \text{ のとき } R = p, \quad G = V, \quad B = t \\ H_i = 3 \text{ のとき } R = p, \quad G = q, \quad B = V \\ H_i = 4 \text{ のとき } R = t, \quad G = p, \quad B = V \\ H_i = 5 \text{ のとき } R = V, \quad G = p, \quad B = q \end{array} \right\} \qquad (5.13)$$

ここで，関数 $\lfloor X \rfloor$ は，X 以下の最大の整数を表す関数である．

5.2.7 プログラム例：RGB から HSV への変換

ここでも，カラー画像の各画素の RGB 値は，図 5.3 のようにメモリ上で 1 次元配列として保持されているものとする．RGB から HSV への変換を行うプログラム例を以下に示す．

▍C 言語（入力画像，出力画像はカラー画像とする）

```
 1  unsigned char max, min;
 2  unsigned char red, blue, green;
 3  double h, s, v;
 4  for(int y = 0; y < height; y++) {
 5    for(int x = 0; x < width; x++) {
 6      blue = img_src[(y * width + x) * 3];
 7      green = img_src[(y * width + x) * 3 + 1];
 8      red = img_src[(y * width + x) * 3 + 2];
 9      max = red;
10      if(max < green) max = green;
11      if(max < blue) max = blue;
12      min = red;
13      if(min > green) min = green;
14      if(min > blue) min = blue;
15      v = max;
16      if(max == 0) {h = 0; s = 0;}
17      else {
18        s = 255 * (max - min) / max;
19        if(max == red)
20          h = (blue - green) / (max - min);
21        else if(max == green)
22          h = 2 + (red - blue) / (max - min);
23        else
24          h = 4 + (green - red) / (max - min);
25        h = h * 60;
26        if(h < 0) h = h + 360;
27      }
28      img_dst[(y * width + x) * 3] = (unsigned char)h / 2;
29      img_dst[(y * width + x) * 3 + 1] = (unsigned char)s;
30      img_dst[(y * width + x) * 3 + 2] = (unsigned char)v;
31    }
32  }
```

▍OpenCV と C++ 言語

```
 1  cvtColor( img_src, img_dst, COLOR_BGR2HSV);
```

関数 cvtColor はさまざまな色空間の変換を行う．関数 cvtColor では，

- 第 1 引数：入力画像
- 第 2 引数：出力画像

- 第3引数：変換方法

を指定する．第1, 2引数を設定する際には，以下の条件を満たしていなければならない．

- 入力画像と出力画像の画像の大きさが等しい．
- 入力画像と出力画像のdepth（bit深度）が等しい（ただし，カラー画像から濃淡画像への変換の場合は，depthが等しくなくてもよい）．
- depth（bit深度）はCV_8U, CV_16U, CV_32Fのいずれかである．

第3引数を設定することにより，さまざまな色空間の変換ができる．**表5.3**ではいくつか代表的な例を挙げる．

表5.3 関数 cvtColor の色空間変換のパラメータ

変換方法	内容
COLOR_BGR2YCrCb	RGBからYCrCb空間への変換
COLOR_BGR2XYZ	RGBからXYZ空間への変換
COLOR_BGR2HSV	RGBからHSV空間への変換
COLOR_BGR2Lab	RGBからLab空間への変換
COLOR_BGR2Luv	RGBからLuv空間への変換
COLOR_BGR2HLS	RGBからHLS空間への変換

OpenCVの関数を使用して，RGBからHSVへ変換する際には，変換後のH（色相），S（彩度），V（明度）の値に注意しなければならない．HSV空間の定義では，Hの範囲は0〜360，Sは0〜1，Vも0〜1である．しかし，COLOR_BGR2HSVでは，これらの値を，8bitの符号なし整数で表現するために，

H：0〜179（定義の値を2で割った値）

S：0〜255（定義の値を255倍した値）

V：0〜255（定義の値を255倍した値）

で表現する．

OpenCV と Python

```
1  img_dst = cv2.cvtColor(img_src, cv2.COLOR_BGR2HSV)
```

5.3 RGBからグレースケールへの変換

現在では，デジタルカメラで取得できる画像は，カラー画像であることがほとんどである．したがって，グレースケール画像を対象としたさまざまな画像処理アルゴリズムを適用するためには，カラー画像からグレースケール画像へ変換する必要がある．また，カラー画像を構成するRGBの各成分のみから構成される画像を生成すると，それらの画像に対しては，グレースケール画像を対象としたさまざまな画像処理アルゴリズムを適用することができる．

処理を軽くするために，カラー画像（RGB）からグレースケール画像を生成したい場合がある．この変換は，RGB から YUV への変換を行って，そのうちの Y を用いればグレースケール画像に変換できる．

カラー画像からグレースケール画像を生成するために OpenCV の関数を使用する場合は，関数 `cvtColor` の第 3 引数に `COLOR_BGR2GRAY` を設定すればよい．

練習問題 5.1

□ **1.** 8 色（白，黄，シアン，緑，マゼンタ，赤，青，黒）のカラーバーを表示した画像を生成するプログラムを作成せよ．画像の幅は 800 ピクセル（各色 100 ピクセル），画像の高さは 240 ピクセルとせよ．

□ **2.** 5.1.2 項を参考にして，練習問題 5.1 の問題 1 で作成したプログラムに，R と B（または，G と B）を入れ替えた画像を生成する処理を追加せよ．

□ **3.** RGB から YCbCr に変換するプログラムを作成せよ．

□ **4.** 入力画像をもとにして彩度だけ，色相だけの画像を生成するプログラムを作成せよ．

□ **5.** 入力画像の明度をある決まった量だけ変化させた画像を生成するプログラムを作成せよ．

□ **6.** 入力画像の彩度をある決まった量だけ変化させた画像を生成するプログラムを作成せよ．

□ **7.** 入力画像の色相をある決まった量だけ変化させた画像を生成するプログラムを作成せよ．

参考文献

［1］ トランジスタ技術編集部（編）：CCD/CMOS イメージ・センサ活用ハンドブック，CQ 出版社，2010．
［2］ インターフェース 2013 年 4 月号，CQ 出版社．
［3］ ディジタル画像処理編集委員会（監修）：ディジタル画像処理，CG-ARTS 協会，2004．

濃淡変換

本章では，濃淡画像に関するさまざまな画像処理を解説する．まず，濃淡画像の特徴量の1つであるヒストグラムについて解説する．そして，簡単な画像処理をいくつか実践し，それぞれの処理によってヒストグラムの形がどのように変化するのかを体感する．最後に，濃淡画像を2値画像に変換する擬似濃淡処理の必要性を述べた後に，3つの変換手法を紹介し，それぞれの特徴について解説する．

6.1 濃淡画像

　多くの階調で表現された画像を**濃淡画像**と呼ぶ．各画素のデータサイズが8bitであれば，階調は0〜255である．一般的には白黒の濃淡を持った画像のことを指すが，画像処理においてはカラー画像をR, G, BやH, S, Vなどに分離（それぞれを**チャンネル**と呼ぶ）して濃淡画像として扱うこともある．2値画像は2階調の濃淡画像ともいえる．

　近年，カメラの性能が向上して高解像度のカラー画像が容易に入手できるようになってきた．しかし，カラー画像のままで処理すると処理に時間がかかり，また多くのメモリが必要となる．高速な処理が必要とされる場面，たとえば製造ラインでの画像処理による外観自動検査などでは，あえて濃淡画像を使って処理されていることが多い．また，深度カメラから得られる距離画像は，カメラから対象物までの距離を濃淡で表した濃淡画像として出力されることが多い（詳細は第11章参照）．

6.2 ヒストグラムを用いた濃淡変換

6.2.1 ヒストグラム

　画像内の画素値の分布度合いを調べることで画像のおおまかな特徴を知ることができる．たとえば，晴天の空を撮影した全体的に明るい画像では全体的に大きな画素値を持つ画素が多数現れる．逆に，夜景を撮影した画像であれば小さな画素値を持つ画素が大部分を占める．カラー画像でも同様であり，たとえばよく木の茂った森の画像では各画素で緑（G）のチャンネルの値が全体的に高く出るだろう．

　画像全体の傾向を知る方法の1つに**ヒストグラム**（histogram）がある．まず，対象とする画像の中に，ある画素値の画素が出現する数（**度数**，frequency）を計数する．これを表にまとめたものを**度数分布表**（frequency distribution table）と呼ぶ．度数分布表をもとにして，横軸を画素値，縦軸を度数としてグラフ化したものがヒストグラム（または度数ヒストグラム）である．ヒストグラムの形を見れば対象画像の特徴や傾向を知ることができる．さまざまな明るさの画像とそのヒストグラムの

例を図 6.1 に示す.

全画素数を N, 画素値を i, 度数分布を h_i とすると, 以下の関係式が成り立つ.

$$N = \sum_{i=0}^{255} h_i \qquad (6.1)$$

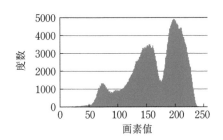

(a) 室内における普通の明るさの画像とそのヒストグラム

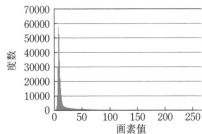

(b) 屋外における暗い画像とそのヒストグラム

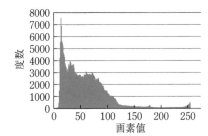

(c) 屋外におけるやや暗い画像とそのヒストグラム

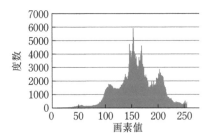

(d) 屋外における明るい画像とそのヒストグラム

図 6.1 さまざまな明るさの画像とヒストグラム

6.2.2 プログラム例：ヒストグラムを描画する

度数分布表を作成し，ヒストグラムを描画するプログラム例を以下に示す．

▍C 言語（度数分布表の作成のみ）

```
1   int hist[256];
2
3   // 配列 hist を初期化
4   for(int i = 0; i <= 255; i++) {
5     hist[i] = 0;
6   }
7
8   // 度数分布表を作成
9   for(int y = 0; y < height; y++) {
10    for(int x = 0; x < width; x++) {
11      hist[img_src[y * width + x]]++;
12    }
13  }
```

▍OpenCV と C++ 言語

```
1   // ヒストグラム表示用，256 × 100 ピクセル，0（黒）で初期化
2   Mat img_hst;
3   img_hst = Mat::zeros(100, 256, CV_8UC1);
4
5   const int hdims[] = {256}; // 次元ごとの度数分布のサイズ
6   const float ranges[] = {0, 256};
7   const float * hranges[] = {ranges}; // 次元ごとのビンの下限上限
8
9   // 1 チャンネル画像の度数分布を計算
10  Mat hist;
11  calcHist(&img_src, 1, 0, Mat(), hist, 1, hdims, hranges);
12
13  // 度数の最大値を取得
14  double hist_min, hist_max;
15  minMaxLoc(hist, &hist_min, &hist_max);
16
17  // ヒストグラムを白線で描画
18  for(int i = 0; i <= 255; i++) {
19    int v = saturate_cast<int>(hist.at<float>(i));
20    cout << i << " " << v << endl;
21    line(img_hst, Point(i, img_hst.rows), Point(i, img_hst.rows-img_hst.rows * (v /
        hist_max)), Scalar(255, 255, 255));
22  }
```

OpenCV でヒストグラムを描画するために，256×100 ピクセル，8 bit 1 チャンネルの画像メモリ img_hst を作成し，0（黒色）で初期化している．横幅を 256 にしているのは，img_hst の x 軸と画

素値を一致させるためである．img_hst の y 軸方向に対して関数 line を使って白線で度数を描画するが，ヒストグラムの全体がウインドウ縦幅内に収まるように y 軸方向に伸縮させている．

関数 calcHist は入力画像の画素値の度数分布を求める関数である．複数の画像や多チャンネル画像の度数分布も一括で求めることができる．高機能すぎてやや扱いにくいが，ここでは 1 つのグレースケール画像に対して利用した．関数 calcHist の各引数の意味は以下の通りである．

- 第 1 引数：入力画像
- 第 2 引数：入力画像の個数
- 第 3 引数：度数分布を求めるチャンネル番号
- 第 4 引数：マスク
- 第 5 引数：出力される度数分布
- 第 6 引数：度数分布の次元数
- 第 7 引数：各次元の度数分布のサイズ
- 第 8 引数：各次元の度数分布の最大値・最小値

関数 minMaxLoc は配列内の値の最大値・最小値を求める関数である．ここでは度数の最大値を求めるために用い，ヒストグラムが img_hst の縦幅内に収まるように調整している．引数は以下の通りである．

- 第 1 引数：入力配列
- 第 2 引数：最小値を保存する変数へのポインタ
- 第 3 引数：最大値を保存する変数へのポインタ

関数 line は画像に線分を描画する関数である．img_hst の左下から右下に向かって，度数分布の 0 から 255 の度数を縦の線分として描画している．引数は以下の通りである．

- 第 1 引数　　　：入力画像
- 第 2，3 引数：線分の始点座標と終点座標，Point 型で指定
- 第 4 引数　　　：線分の色，Scalar 型で指定

OpenCV と Python

```
 1  # ヒストグラム表示用, 256 × 100 ピクセル, 0（黒）で初期化
 2  img_hst = np.zeros([100, 256]).astype(np.uint8)
 3  rows, cols = img_hst.shape[:2]
 4
 5  # 度数分布を求める
 6  hdims = [256]
 7  hranges = [0, 256]
 8  hist = cv2.calcHist([img_src], [0], None, hdims, hranges)
 9
10  # 度数の最大値を取得
11  min_val, max_val, min_loc, max_loc = cv2.minMaxLoc(hist)
12
13  # ヒストグラムを白線で描画
14  for i in range(0, 255):
```

```
15    v = hist[i]
16    cv2.line(img_hst, (i, rows), (i, int (rows - rows * (v / max_val))), (255, 255,
      255))
```

▶ 処理結果

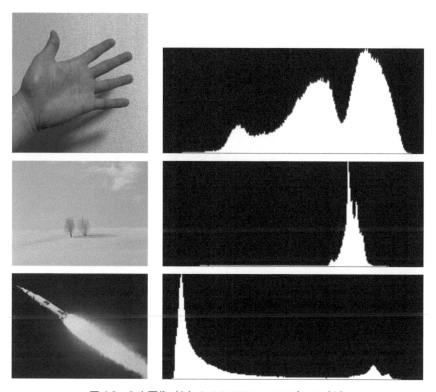

図 6.2 入力画像（左）とそれぞれのヒストグラム（右）

□ **1.** 3つのヒストグラム（a）（b）（c）は，入力画像（ア）（イ）（ウ）のいずれかの画像のものである．
ヒストグラムの形状から入力画像を判別して対応付けよ．

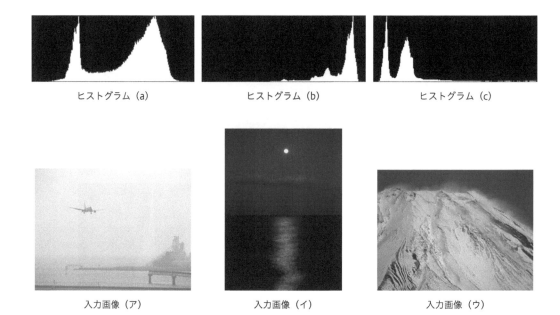

ヒストグラム（a） ヒストグラム（b） ヒストグラム（c）

入力画像（ア） 入力画像（イ） 入力画像（ウ）

6.2.3 ヒストグラム均一化

　画素値の度数分布は画像によってまちまちで偏りがある．**ヒストグラム均一化**は出力画像の画素値
を全域にわたって均一になるように変換する処理である．画素値の分布が全体で均一な割合で存在す
るように，以下の関係式にしたがって画素値を変換する．ここで，N は全画素数，h_i は度数分布，H_v
は**累積度数**，INT は整数化関数とする．

$$累積度数 \quad : H_v = \sum_{i=0}^{v} h_i \tag{6.2}$$

$$累積度数の比率 : c_v = \frac{H_v}{N} \tag{6.3}$$

$$I_{\mathrm{dst}}(x, y) = \mathrm{INT}\left(\frac{c_{I_{\mathrm{src}}(x, y)} - c_0}{1 - c_0} \cdot 255 \right) \tag{6.4}$$

6.2.4 プログラム例：ヒストグラム均一化

　ヒストグラム均一化のプログラム例を以下に示す．

以下のプログラムにおいて，配列 hist[] は img_src の度数分布とする．

```
1  double c[256] = {0};
2  for(int i = 0; i <= 255; i++) {
3    int sum = 0;
4    for(int j = 0; j < i; j++) sum += hist[j];
5    c[i] = (double)sum / (width * height); // 累積度数の比率を計算
6  }
7
8  for(int y = 0; y < height; y++) {
9    for(int x = 0; x < width; x++) {
10     int v = img_src[y * width + x];
11     img_src[y * width + x] = (double)(c[v] - c[0]) / (1 - c[0]) * 255;
12   }
13 }
```

■ OpenCV と C++ 言語

```
1  equalizeHist(img_src, img_dst);
```

関数 equalizeHist はグレースケール画像のヒストグラムを均一化する．関数 equalizeHist では，

- 第 1 引数：入力画像
- 第 2 引数：出力画像

を指定する．

■ OpenCV と Python

```
1  img_dst = cv2.equalizeHist(img_src)
```

▶ 処理結果

入力画像のヒストグラム（**図 6.3**）は台形状になっており，画素値 0 付近の暗い画素（ヒストグラム左端）や画素値 255 付近の明るい画素（ヒストグラム右端）が少ないことが分かる．逆に画素値 200 付近は度数が多い．この画像にコントラスト均一化を施して，その出力画像のヒストグラム（**図 6.4**）を見ると，全体にまんべんなく分布していることが分かる．また出力画像の濃淡がくっきりしており，見やすい画像になっている．**図 6.5** は入力画像，出力画像それぞれの累積度数を表したものである．入力画像では曲線状になっており不均一であるが，出力画像ではきれいな単調増加になっており，全画素値で均一化されていることが分かる．

図 6.3 入力画像とそのヒストグラム

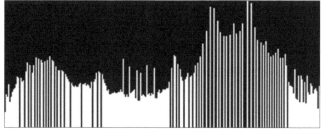

図 6.4 出力画像とそのヒストグラム

(a) 入力画像　　　　　　　　　　　　　　(b) 出力画像

図 6.5 累積度数ヒストグラム

6.3 トーンカーブによる濃淡変換

6.3.1 トーンカーブ

　トーンカーブ（tone curve）は，画像全体の明るさや色を補正する際に必要な校正曲線である．明るさや色の補正前のデータ値（入力データ）と補正後のデータ値（出力データ）の対応関係を表したもので，画素ごとに，その関係を調整することで画像全体の明るさや色を細かく補正できる．一般的に，この入出力データ間の対応関係を**階調変換関数**（gradation conversion）と呼ばれる関数で与える．この関数をグラフで表したものがトーンカーブである．グラフの縦軸は補正後の出力値，横軸は補正前の入力値を表す．入力値を $I_{src}(x, y)$，出力値を $I_{dst}(x, y)$，階調変換関数を f とすると，次式のように書ける．

$$I_{dst}(x, y) = f(I_{src}(x, y)) \tag{6.5}$$

たとえば，$f(I_{src}(x, y)) = I_{src}(x, y)$ ならば，階調変換関数のトーンカーブは**図 6.6** のようになる．

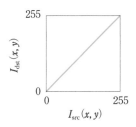

図 6.6　トーンカーブ
（$I_{dst}(x, y) = f(I_{src}(x, y)) = I_{src}(x, y)$ の場合）

　また，画像処理プログラム内で階調変換関数を表すときには，入力値に対する出力値を記した割り当て表を用いる．この表のことを**ルックアップテーブル**（lookup table）という．

6.3.2 折れ線型トーンカーブ

　特定の階調変換関数によって特定の画像処理を行うことができる．以降では，階調変換関数 $f(I_{src}(x, y))$ の代表例のいくつかについて紹介する．

図 6.7 に示すような**折れ線型トーンカーブ**を階調変換関数 $f(I_\mathrm{src}(x, y))$ として定義すると，コントラスト調整に使用できる．入力画像が濃淡画像の場合は，このような形状の関数により，明るい部分はさらに明るく，暗い部分はより暗くなる．これにより，画像全体のコントラストが上がり，めりはりのある画像になる．

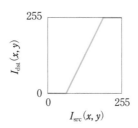

図 6.7　折れ線型トーンカーブ

6.3.3　ガンマ変換

　次式のように定義した階調変換関数 $f(I_\mathrm{src}(x, y))$ を，特に**ガンマ（γ）変換**（補正）（gamma correction）と呼ぶ．

$$I_\mathrm{dst}(x, y) = f(I_\mathrm{src}(x, y)) = 255 \cdot \left(\frac{I_\mathrm{src}(x, y)}{255} \right)^{1/\gamma} \tag{6.6}$$

γ 値を変えていったときのトーンカーブを**図 6.8** に示す．

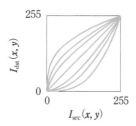

図 6.8　ガンマ変換
（上から γ = 3.0, 2.0, 1.5, 1.0, 0.66, 0.5, 0.33）

　デジタルカメラやイメージスキャナで得られた画像の RGB 値は，標準的なディスプレイで自然に表示できるようにガンマ変換がすでに施されている（γ 値は 2.2）．しかし，ディスプレイの設定が標準とずれていると，画像のコントラストが不自然に表示されてしまう．そこで，このガンマ変換を用いて，コントラストを調整し，画像全体を自然な明るさや色にする．

　入力画像は**図 6.9** 左上の画像である．逆光気味で全体的に暗い画像になっている．この画像に対しガンマ変換（$\gamma = 2.0$）をかけたものが**図 6.9** 左下の画像である．暗い部分のコントラストが上がって見やすくなっている．

(a) 入力画像とそのヒストグラム

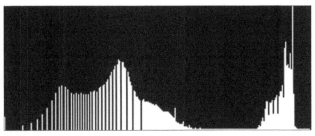

(b) 出力画像とそのヒストグラム

図 6.9 ガンマ変換の例（上：入力画像とそのヒストグラム，下：出力画像とそのヒストグラム）

6.3.4 プログラム例：ガンマ変換

ガンマ変換のプログラム例を以下に示す．

▌C 言語（$\gamma = 2.0$ の場合）

入力画像は 8 bit 濃淡画像とする．

```
1   double gamma = 2.0;
2   unsigned char lut[256];
3   for(int i = 0; i < 256; i++) {
4     lut[i] = (unsigned char)(255.0 * pow(i / 255.0, 1.0 / gamma))
5   }
6   for(int y = 0; y < height; y++) {
7     for(int x = 0; x < width; x++) {
8       img_dst[y * width + x] = lut[img_src[y * width + x]];
9     }
10  }
```

▌ OpenCV と C++ 言語 （γ ＝ 2.0 の場合）

```
1  // ルックアップテーブル生成
2  double gamma = 2.0;
3  Mat lut(256, 1, CV_8U);
4  for(int i = 0; i < 256; i++) {
5    lut.data[i] = (unsigned char)(255.0 * pow(i / 255.0, 1.0 / gamma));
6  }
7  // ルックアップテーブル変換
8  LUT(img_src, lut, img_dst);
```

関数 LUT は，ルックアップテーブルから取り出した値で出力配列を埋める関数である．関数 LUT
では，

- 第 1 引数：各要素が 8 bit の入力配列
- 第 2 引数：256 要素のルックアップテーブル
- 第 3 引数：出力配列

を指定する．

▌ OpenCV と Python （γ ＝ 2.0 の場合）

```
1  # ルックアップテーブル生成
2  gamma = 2.0
3  Y = np.arange(256).astype(np.uint8)
4  for i in range(256):
5    Y[i] = 255 * pow(float(i) / 255, 1.0 / gamma)
6  # ルックアップテーブル変換
7  img_dst = cv2.LUT(img_src, Y)
```

図 6.10 は，カラー画像 3 成分 （R, G, B） のうち，R 成分のみ，および，G 成分のみに対してガン
マ補正を施した処理例である．

■▶ 処理結果

（a）入力画像

（b）R 成分のみをガンマ補正した画像

（c）G 成分のみをガンマ補正した画像

図 6.10 R, G, B 各色のトーンカーブ（ガンマ補正）による処理例

 トラックバーによるパラメータの変更

　画像処理のパラメータを調整する際に，ソースコードを毎度変更して出力画像を確認するのは面倒である．OpenCV に用意されているトラックバーを使えばプログラム実行中にパラメータの変更が可能になり，簡単に出力画像を確認することができるようになる．

　トラックバーの生成には関数 createTrackbar，トラックバーの値を取得するには関数 getTrackbar を用いる．以下のプログラムでは，トラックバーを dst という名前のウインドウに生成し，トラックバーの値を変数 gamma に代入している．

▌プログラムリスト 6.3.4.1：トラックバー（OpenCV と C++ 言語）

```
1  #include <iostream>
2  #include <opencv2/opencv.hpp>
3  using namespace std;
4  using namespace cv;
5
6  int main()
```

```
 7  {
 8      // 画像読み込み
 9      string file_src = "src.png";
10      Mat img_src = imread(file_src, IMREAD_COLOR);
11
12      int gamma = 1;
13
14      // ウインドウ生成
15      namedWindow("src", WINDOW_AUTOSIZE);
16      namedWindow("dst", WINDOW_AUTOSIZE);
17      // トラックバーの生成
18      createTrackbar("gamma", "dst", &gamma, 10);
19      // 入力画像を表示
20      imshow("src", img_src);
21
22      while(1) {
23          // トラックバーの値を取得
24          int gamma = getTrackbarPos("gamma", "dst") + 1;
25
26          // ガンマ補正
27          Mat img_dst;
28          Mat lut(256, 1, CV_8U);
29          for(int i = 0; i < 256; i++) {
30              lut.data[i] = (unsigned char)(255.0 * pow(i / 255.0, 1.0 / gamma));
31          }
32          LUT(img_src, lut, img_dst);
33
34          // 出力画像を表示
35          imshow("dst", img_dst);
36
37          // q キーで終了
38          if(waitKey(1) == 'q') break;
39      }
40      return 0;
41  }
```

プログラムリスト 6.3.4.2：トラックバー（OpenCV と Python）

```
 1  import cv2
 2  import numpy as np
 3
 4  def nothing(x):
 5      pass
 6
 7  # 画像読み込み
 8  file_src = 'src.png'
 9  img_src = cv2.imread(file_src, cv2.IMREAD_COLOR)
10  # ウインドウ生成
11  cv2.namedWindow('src')
```

```
12  cv2.namedWindow('dst')
13  # トラックバーの生成
14  cv2.createTrackbar('gamma', 'dst', 1, 10, nothing)
15  # 入力画像を表示
16  cv2.imshow('src', img_src)
17
18  while True:
19    # トラックバーの値を取得
20    gamma = cv2.getTrackbarPos('gamma','dst') + 1.0
21
22    # ガンマ補正
23    Y = np.arange(256).astype(np.uint8)
24    for i in range(256):
25      Y[i] = 255 * pow(float(i) / 255, 1.0 / gamma)
26    img_dst = cv2.LUT(img_src, Y)
27
28    # 出力画像を表示
29    cv2.imshow('dst', img_dst)
30    # q キーで終了
31    key = cv2.waitKey(1)
32    if key & 0xFF == ord('q'):
33      break
34
35  cv2.destroyAllWindows()
```

6.3.5 ネガポジ変換

ネガポジ変換とは，銀塩写真のフィルムに映された写真のように明度を反転させる処理である．図 6.11 に示すようなトーンカーブを階調変換関数として定義すると，入力画像の明度と出力画像の明度が反転する．$I_{\mathrm{src}}(x, y)$ を入力画像の画素値，$I_{\mathrm{dst}}(x, y)$ を出力画像の画素値とすると，式(6.7)が成り立つ．

$$I_{\mathrm{dst}}(x, y) = f(I_{\mathrm{src}}(x, y)) = 255 - I_{\mathrm{src}}(x, y) \tag{6.7}$$

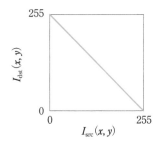

図 6.11 ネガポジ変換のトーンカーブ

6.3.6 プログラム例：ネガポジ変換

ネガポジ変換するプログラム例を以下に示す.

C 言語

```
1  for(int y = 0; y < height; y++) {
2    for(int x = 0; x < width; x++) {
3      img_src[y * width + x] = 255 - img_src[y * width + x];
4    }
5  }
```

OpenCV と C++ 言語

```
1  img_src.convertTo(img_dst, img_src.type(), -1.0, 255.0);
```

Mat クラスのメンバ関数 convertTo は，入力画像の各画素に対して線形変換する．各引数の意味は，
- 第 1 引数：出力画像
- 第 2 引数：データ型
- 第 3 引数：スケーリング係数 α
- 第 4 引数：スケーリング後に加算される値 β

であり，各画素に対して以下の計算がなされる．ここでは，$\alpha = -1.0$，$\beta = 255.0$ としている.

$$I_{dst}(x, y) = f(I_{src}(x, y)) = \alpha \cdot I_{src}(x, y) + \beta \tag{6.8}$$

OpenCV と Python

```
1  img_dst = 255 - img_src
```

▶ 処理結果

　入力画像のヒストグラム（**図6.12**）と出力画像のヒストグラム（**図6.13**）が左右対称になっていることが分かるだろう.

 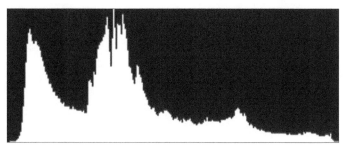

図 6.12 入力画像とそのヒストグラム

 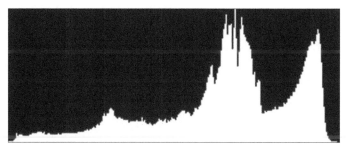

図 6.13 ネガポジ変換した出力画像とそのヒストグラム

6.3.7 ソラリゼーション

　階調変換関数 $f(I_{\mathrm{src}}(x, y))$ を，**図 6.14** に示すように定義して，画像の階調を変換する処理をソラリゼーション（solarization）と呼ぶ．画像内の明るさを一部分反転させた変換となるため，この変換により出力画像では，ネガ画像・ポジ画像が混在したような画像が生成される（**図 6.15**）．

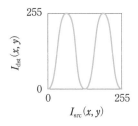

図 6.14 ソラリゼーション

| (a) 入力画像 | (b) 出力画像 |

図 6.15 ソラリゼーションの例

6.3.8 ポスタリゼーション

階調変換関数 $f(I_{src}(x, y))$ を，図 6.16 のように定義して，画像の階調を変換する処理を，**ポスタリゼーション**（posterization）と呼ぶ．関数値が一定になっている部分では，出力画素値がすべて同じ値になるため，出力画素値が数段階に制限される．

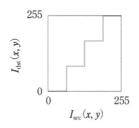

図 6.16 ポスタリゼーション

6.3.9 擬似カラー処理

RGB の各色に対して，階調変換関数 $f(I_{src}(x, y))$ を図 6.17 に示すような折れ線型，台形型の関数として，画像内の RGB 値の階調を変換する処理を**擬似カラー処理**（pseudo color processing）と呼ぶ．

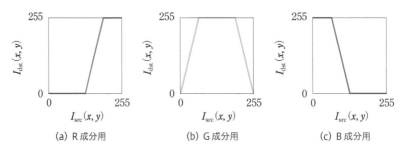

| (a) R 成分用 | (b) G 成分用 | (c) B 成分用 |

図 6.17 擬似カラー処理

(a) 入力画像　　　　　　　　　　(b) 出力画像

図 6.18　擬似カラー処理の例

グレースケール画像の各画素値をカラー画像の RGB 値に割り当てる際に，図 6.17 に示すような階調変換によって，グレースケール画像に対して擬似的に色を付けることができる．擬似カラー処理の例を図 6.18 に示す．

6.3.10　明度調整

明度調整は，画像全体を均一に明るく，または暗くする処理である．具体的には，入力画像の各画素値にいくらかの値を足し引きすればよく，式 (6.9) が成り立つ．ただし，画素値の取り得る上限値 (255)・下限値 (0) を超えた場合は丸めるように処理する．shift 項が明るさの調整量であり，正の値に設定すれば全体的に明るく，負の値に設定すれば全体的に暗い画像となる．図 6.19 に示すようなトーンカーブを階調変換関数として定義すると，明度調整ができる．

$$I_{\mathrm{dst}}(x, y) = f(I_{\mathrm{src}}(x, y)) = \max(0, \min(255, I_{\mathrm{src}}(x, y) + \mathrm{shift})) \tag{6.9}$$

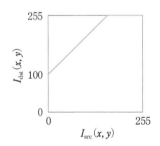

図 6.19　明度調整のトーンカーブ
（shift = 100 の場合）

6.3.11　プログラム例：明度調整

明度調整を行うプログラム例を以下に示す．

C 言語

```
1  int shift = 100;
2  for(int y = 0; y < height; y++) {
3    for(int x = 0; x < width; x++) {
4      int i = img_src[y * width + x] + shift;
5      if(i < 0) img_src[y * width + x] = 0;
6      else if(i > 255) img_src[y * width + x] = 255;
7      else img_src[y * width + x] = i;
8    }
9  }
```

OpenCV と C++ 言語

```
1  double shift = 100.0;
2  img_src.convertTo(img_dst, img_src.type(), 1.0, shift);
```

第 3 引数のスケーリング係数を $\alpha = 1.0$，第 4 引数のスケーリング後に加算される値を $\beta = 100.0$ としているので，加算のみ行われる．

OpenCV と Python

ここではルックアップテーブルと関数 LUT を使った例を示す．

```
1  shift = 100
2  table = np.arange(256, dtype = np.uint8)
3  for i in range(0, 255):
4    j = i + shift
5    if j < 0:
6      table[i] = 0
7    elif j > 255:
8      table[i] = 255
9    else:
10     table[i] = j
11
12 img_dst = cv2.LUT(img_src, table)
```

▶ 処理結果

明度を調整した出力画像のヒストグラム（**図 6.21**）は，入力画像のヒストグラム（**図 6.20**）と形状は同じで，shift 項分だけ全体的に右に移動する．shift 項を負の値にすれば出力画像は暗くなり，ヒストグラムは全体的に左に移動する．

図 6.20　入力画像とそのヒストグラム

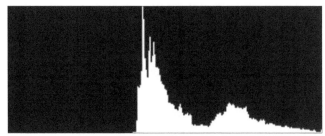

図 6.21　明度を調整した出力画像とそのヒストグラム

6.3.12　コントラスト低減

　コントラスト（contrast）とは画像の濃淡の分布幅に関する性質である．画像のコントラストが高いとは，ヒストグラムでの度数分布の幅が大きいことであり，被写体の輪郭は明確になる．逆にコントラストが低い画像とは，ヒストグラムでの度数分布の幅が小さいことであり，被写体の輪郭はぼやける．

　出力画像の画素値を式(6.10)にしたがって調整すると，出力画像の画素値は上限値（MAX），下限値（MIN）に収まり，コントラストが下がる．図 6.22 に示すようなトーンカーブを階調変換関数と

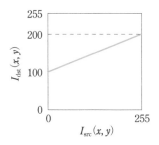

図 6.22　コントラスト低減処理のトーンカーブ
（MIN = 100, MAX = 200 の場合）

して定義すると，コントラストを下げることができる．ただし $0 \leq \mathrm{MIN} < \mathrm{MAX} \leq 255$ とする．

$$I_{\mathrm{dst}}(x, y) = f(I_{\mathrm{src}}(x, y)) = \mathrm{MIN} + \frac{I_{\mathrm{src}}(x, y)}{255} \cdot (\mathrm{MAX} - \mathrm{MIN}) \tag{6.10}$$

6.3.13 プログラム例：コントラスト低減

コントラストを下げるプログラム例を以下に示す．

▌C 言語

```
 1  int min = 100, max = 200;
 2  int table[256];
 3  for(int i = 0; i <= 255; i++) {
 4    table[i] = min + i / 255.0 * (max - min);
 5  }
 6  for(int y = 0; y < height; y++) {
 7    for(int x = 0; x < width; x++) {
 8      img_src[y * width + x] = table[img_src[y * width + x]];
 9    }
10  }
```

▌OpenCV と C++ 言語

```
 1  int min = 100, max = 200;
 2  img_src.convertTo(img_dst, img_src.type(), (max - min) / 255.0, min);
```

第 3 引数のスケーリング係数を $\alpha = (\mathrm{max} - \mathrm{min}) / 255.0$，第 4 引数のスケーリング後に加算される値を $\beta = \mathrm{min}$ として，コントラスト調整を実現している．

▌OpenCV と Python

いくつかの方法があるが，ここでは 2 つのプログラム例を紹介する．1 つはルックアップテーブルと関数 LUT を使った例である．

```
 1  min = 100
 2  max = 200
 3  table = np.arange(256, dtype = np.uint8)
 4  for i in range(0, 255):
 5    table[i] = min + i * (max - min) / 255
 6
 7  img_dst = cv2.LUT(img_src, table)
```

もう 1 つの方法は，関数 normalize を使う方法である．関数 normalize の引数には，
● 第 1 引数　　：入力画像

- 第2引数　　　：出力画像
- 第3, 4引数：範囲の下限, 上限
- 第5引数　　　：正規化の種類

を渡す．第5引数で NORM_MINMAX を指定することで，下限値，上限値に収まるように正規化される．

```
1  min = 100
2  max = 200
3  cv2.normalize(img_src, img_dst, min, max, cv2.NORM_MINMAX)
```

▶ 処理結果

　出力画像（図 6.24）は入力画像（図 6.23）に比べてコントラストが低く，ぼやけた画像になっている．また，出力画像のヒストグラムは，入力画像のヒストグラムを左右から圧縮したような形状になっており，画素値が min = 100 から max = 200 までの間に収まっていることが見て取れるだろう．

図 6.23　入力画像とそのヒストグラム

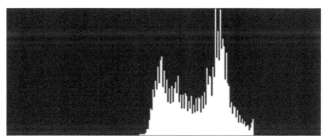

図 6.24　コントラストを下げた出力画像とそのヒストグラム

6.3.14　コントラスト強調

　式(6.11)のように階調変換関数を定義すると，出力画像の画素値の範囲が広がり，コントラストを上げることができる．トーンカーブは図 6.25 のようになる．

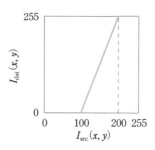

図 6.25 コントラスト強調処理のトーンカーブ
（MIN = 100, MAX = 200 の場合）

$$I_{dst}(x, y) = f(I_{src}(x, y)) = \begin{cases} 0 & (I_{src}(x, y) < \text{MIN}) \\ 255 \cdot \dfrac{I_{src}(x, y) - \text{MIN}}{\text{MAX} - \text{MIN}} & (\text{MIN} \leq I_{src}(x, y) \leq \text{MAX}) \\ 255 & (I_{src}(x, y) > \text{MAX}) \end{cases} \tag{6.11}$$

6.3.15 プログラム例：コントラスト強調

コントラストを上げるプログラム例を以下に示す.

■ C 言語

```c
 1  int min = 150, max = 200;
 2  int table[256];
 3  for(int i = 0; i < min; i++) {
 4    table[i] = 0;
 5  }
 6  for(int i = min; i <= max; i++) {
 7    table[i] = int(255 * (i - min) / (double)(max - min));
 8  }
 9  for(int i = max; i ˉ 255; i++) {
10    table[i] = 255;
11  }
12
13  for(int y = 0; y < height; y++) {
14    for(int x = 0; x < width; x++) {
15      img_src[y * width + x] = table[img_src[y * width + x]];
16    }
17  }
```

```
1  int min = 150, max = 200;
2  img_src.convertTo(img_dst, img_src.type(),
     255.0 / (max - min), -255.0 * min / (max - min));
```

式(6.11)を展開すると，

$$I_{\mathrm{dst}}(x, y) = f(I_{\mathrm{src}}(x, y)) = \frac{255}{\mathrm{MAX} - \mathrm{MIN}} \cdot I_{\mathrm{src}}(x, y) - \frac{255 \cdot \mathrm{MIN}}{\mathrm{MAX} - \mathrm{MIN}} \tag{6.12}$$

となる．よって，第3引数のスケーリング係数を $\alpha = 255.0 / (\mathrm{max} - \mathrm{min})$，第4引数のスケーリング後に加算される値を $\beta = -255.0 \times \mathrm{min} / (\mathrm{max} - \mathrm{min})$ とすればよい．

■ OpenCV と Python

ここではトーンカーブを表すルックアップテーブルを作成した後に関数 LUT を使って変換する例を示す．

```
1  min = 150
2  max = 200
3  table = np.arange(256, dtype = np.uint8)
4  for i in range(0, min):
5    table[i] = 0
6  for i in range(min, max):
7    table[i] = 255 * (i - min) / (max - min)
8  for i in range(max, 255):
9    table[i] = 255
10
11 img_dst = cv2.LUT(img_src, table)
```

▶ 処理結果

出力画像（図6.27）は入力画像（図6.26）に比べて濃淡がくっきりしており，見やすい画像になっている．出力画像のヒストグラムの形状は，入力画像のヒストグラムの min = 150 から max = 200 を左右に引き伸ばしたような形になっている．

図 6.26 入力画像とそのヒストグラム

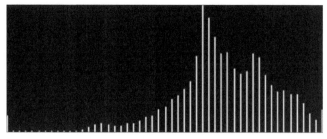

図 6.27 コントラストを上げた出力画像とそのヒストグラム

☐ **1.** 適当なグレースケール画像を用意し，式(6.2)，式(6.3)，式(6.4) にしたがって，度数分布と累積度数を求めよ．

☐ **2.** 6.2 節を参考に累積度数のグラフを描画せよ．

☐ **3.** 擬似カラー変換するプログラムを作成せよ．

☐ **4.** 入力されたカラー画像の RGB 各色をガンマ変換して出力するプログラムを作成せよ．

6.4 擬似濃淡変換

6.4.1 擬似濃淡変換とは

ファクシミリ（FAX）は紙に書かれた文字や絵をスキャンして電話回線を通してそのデータを伝送する装置である．FAX では画像は白黒画像（2 値画像）として扱われる．スキャンされたデータは，あるアルゴリズムで圧縮され，データ量をできるだけ小さくしてから伝送される．これにより通信量と通信時間を減らす工夫がなされている．

グレースケール画像を 2 値画像にする簡単な手法としては，閾値による単純な 2 値化処理が挙げられる（第 8 章参照）．しかしこの方法では画像が潰れてしまい，詳細な情報が失われてしまう．そこで FAX ではより美しく 2 値画像に変換する方法として**擬似濃淡処理**（**ディザリング**，dithering）が行われている．擬似濃淡処理にはいろいろな手法が提案されているが，ここでは代表的な 3 つの手法（ランダムディザリング，誤差拡散ディザリング，組織的ディザリング）について解説する．

6.4.2 ランダムディザリング

$0 \sim 255$ の乱数を r_i とすると，**ランダムディザリング**（random dithering）では各画素と乱数 r_i とを比較して，式(6.13)にしたがって 2 値化する．ただし乱数 r_i は各画素に毎回発生させる．

$$I_{\mathrm{dst}}(x, y) = \begin{cases} 0 & (I_{\mathrm{src}}(x, y) < r_i) \\ 255 & (\text{otherwise}) \end{cases} \tag{6.13}$$

6.4.3 誤差拡散ディザリング

誤差拡散ディザリング（error-diffusion dithering）は，ある閾値 `thresh` と各画素値とを比較して2値化する．ただし，2値化により生じた誤差を隣接画素に繰り越す．注目画素の右画素にすべての誤差を繰り越す例を図 6.28 に示す．

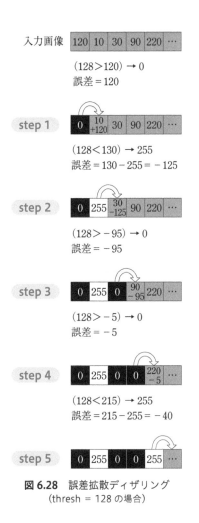

図 6.28 誤差拡散ディザリング
(thresh = 128 の場合)

6.4.4 組織的ディザリング

誤差拡散ディザリングではすべての画素において閾値が固定であった．**組織的ディザリング**（ordered dithering）は閾値を位置によって変化させる手法である．この閾値群を保持した行列を**ディザ行列**と呼ぶ．組織的ディザリングではディザ行列の値と入力画像の画素値とを比較し，その大小により2値化する．Bayer型のディザ行列を**図6.29**に示す．

0	8	2	10
12	4	14	6
3	11	1	9
15	7	13	5

図 6.29 ディザ行列（Bayer 型）

6.4.5 プログラム例：ランダムディザリング

「OpenCV と C++ 言語」と「OpenCV と Python」のプログラム例は専用の関数がないので，ここでは省略する．また，関数 rand は乱数発生関数とする．

▎**C 言語**

```
1  for(int y = 0; y < height; y++) {
2    for(int x = 0; x < width; x++) {
3      int v = img_src[y * width + x];
4      if(v < rand() % 256) img_dst[y * width + x] = 0;
5      else img_dst[y * width + x] = 255;
6    }
7  }
```

6.4.6 プログラム例：誤差拡散ディザリング

「OpenCV と C++ 言語」と「OpenCV と Python」のプログラム例は専用の関数がないので，省略する．ここでは閾値を 128 としている．

▎**C 言語**

```
1  int thresh = 128;
2  int error = 0;
3  for(int y = 0; y < height - 1; y++) {
4    for(int x = 0; x < width - 1; x++) {
5      int v = img_src[y * width + x] + error;
6      if(v < thresh ) {
```

```
 7        img_dst[y * width + x] = 0;
 8        error = v;
 9      } else {
10        img_dst[y * width + x] = 255;
11        error = v - 255;
12      }
13    }
14  }
```

6.4.7　プログラム例：組織的ディザリング

「OpenCV と C++ 言語」と「OpenCV と Python」のプログラム例は専用の関数がないので，ここでは省略する．

▌ C 言語

```
 1  // Bayer 型のディザ行列
 2  const int N = 4;
 3  int matrix[N][N] = {{ 0,  8,  2, 10},
 4                      {12,  4, 14,  6},
 5                      { 3, 11,  1,  9},
 6                      {15,  7, 13,  5}};
 7  // matrix を 0-255 に変換
 8  for(int i = 0; i < N; i++) {
 9    for(int j = 0; j < N; j++) {
10      matrix[i][j] *= N * N;
11    }
12  }
13  for(int y = 0; y < height; y++) {
14    for(int x = 0; x < width; x++) {
15      int v = img_src[y * width + x];
16      if(v < matrix[y % N][x % N]) img_dst[y * width + x] = 0;
17      else img_dst[y * width + x] = 255;
18    }
19  }
```

▶ 処理結果

　入力画像はグレースケール画像，その他は 2 値画像である．単純な 2 値化では入力画像の再現性が悪いが，擬似濃淡処理することでデータを大幅に圧縮しつつ，うまく濃淡が再現されていることが分かるだろう（図6.30，図6.31）．

(a) 入力画像（240 × 240 ピクセル）

(b) 単純な 2 値化

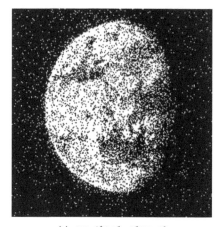

(c) ランダムディザリング

(d) 誤差拡散ディザリング

(e) 組織的ディザリング

図 6.30 擬似濃淡処理例 1

(a) 入力画像（128 × 96 ピクセル）

(b) 単純な 2 値化

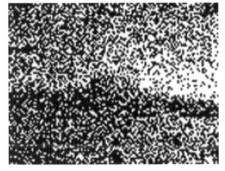

(c) ランダムディザリング

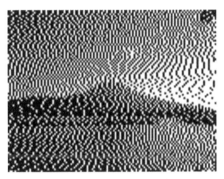

(d) 誤差拡散ディザリング

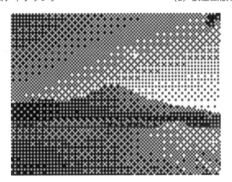

(e) 組織的ディザリング

図 6.31 擬似濃淡処理例 2

豆知識 いろいろな誤差拡散パターン

6.4.3 項で説明した誤差拡散ディザリングは，注目画素で発生した誤差をその右隣の画素に繰り越す手法であった．これ以外にも図 6.32 の例のように，いろいろな誤差拡散の手法が提案されている．図 6.32 では，○が注目画素，各分数が隣接画素への誤差の配分割合を表している．

	○	$\frac{3}{8}$
$\frac{3}{8}$	$\frac{2}{8}$	

	○	$\frac{7}{16}$
$\frac{3}{16}$	$\frac{5}{16}$	$\frac{1}{16}$

		○	$\frac{7}{48}$	$\frac{5}{48}$
$\frac{3}{48}$	$\frac{5}{48}$	$\frac{7}{48}$	$\frac{5}{48}$	$\frac{3}{48}$
$\frac{1}{48}$	$\frac{3}{48}$	$\frac{5}{48}$	$\frac{3}{48}$	$\frac{1}{48}$

図 6.32 いろいろな誤差拡散パターン

豆知識 いろいろなディザ行列

Bayer 型以外にも図 6.33 のようなディザ行列が知られている．

6	7	8	9
5	0	1	10
4	3	2	11
15	14	13	12

15	4	8	12
11	0	1	10
7	3	2	9
14	10	6	13

11	4	6	9
12	0	2	14
7	8	10	5
3	15	13	1

12	4	8	14
11	0	2	6
7	3	1	10
15	9	5	13

(a) Screw 型　(b) Screw 変形型　(c) Mesh 型　(d) 中間強調型

図 6.33 いろいろなディザ行列

練習問題 6.3

□ **1.** OpenCV を使った擬似濃淡処理のプログラムを作成せよ．擬似濃淡処理のための専用関数はないので Mat クラスのデータを直接読み書きして実装せよ．

□ **2.** いろいろな誤差拡散パターンを試してみよ．また誤差拡散パターンを自作せよ．

□ **3.** いろいろなディザ行列で組織的ディザリングを試し，どのような違いが表れるかを述べよ．

□ **4.** 真っ白，単色グレー，真っ黒の画像に対して誤差拡散ディザリングを行い，どのような出力画像が現れるか確認せよ．

□ **5.** カラー画像で擬似濃淡処理を実装せよ．RGB に分解した後に各チャンネルで擬似濃淡処理し，合成すればよい．

Chapter 7

フィルタ処理

画像処理において，入力画像の各画素の画素値だけでなく，その周辺領域（通常は矩形）の画素値も利用して出力値を求める処理を空間フィルタ処理と呼ぶ（画像を周波数空間に写像してフィルタ処理を行うことは周波数フィルタ処理と呼ぶ）．本章では，ノイズ除去などで使用される画像平滑化，画像特徴抽出で使用されるエッジ検出，それぞれのフィルタ処理について解説する．また，画像をシャープにする鮮鋭化についても触れる．

7.1 空間フィルタ処理

空間フィルタ処理には，**オペレータ**（operator）や**カーネル**（kernel）と呼ばれる矩形の重み付けのための行列を用い，**積和演算**（畳み込み演算，convolution）を行う**線形フィルタ処理**（linear filtering）と，積和演算以外の処理（たとえば，領域内の最大値，最小値を出力値とするような処理）を行う**非線形フィルタ処理**（non-linear filtering）がある．

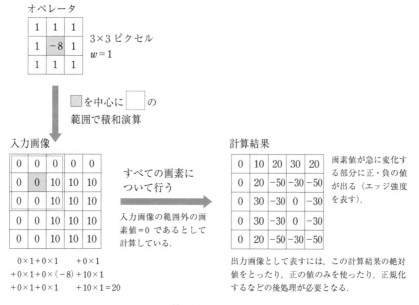

図 7.1 線形フィルタ処理の手順

線形フィルタ処理は，入力画像を $I_{\mathrm{src}}(x, y)$，出力画像を $I_{\mathrm{dst}}(x, y)$ とすると，式(7.1)のように表される．

$$I_{\mathrm{dst}}(x, y) = \sum_{n=-w}^{w} \sum_{m=-w}^{w} I_{\mathrm{src}}(x + m, y + n) \cdot K(m, n) \tag{7.1}$$

ここで，$K(m, n)$はオペレータとなる重み付けの係数を表す配列（サイズは $(2w+1) \cdot (2w+1)$ ピクセル）の m，n 番目の要素を表す．エッジを検出するオペレータを用いる処理手順を**図7.1**に示す．式(7.1)から分かるように，ある画像の各画素値 $I(x, y)$ をその画素周辺の値を使って変換する処理であるため，出力画像は入力画像と同じサイズとなる．カラー画像のような多チャンネルデータの場合は，チャンネルごとにフィルタ処理を行う．

7.2 平滑化フィルタ処理

平滑化フィルタ処理（smoothing filtering）は，画像を平滑化（なめらかに）する処理である．画像をぼかしたり，画像のノイズを除去したりすることに使用されることが多い．ここでは，平滑化で用いられる平均化（移動平均）オペレータ，加重平均オペレータ，バイラテラルオペレータを解説する．

7.2.1 平均化（移動平均）オペレータ

注目画素の周辺の画素値（オペレータでどの範囲の画素値を用いるかを決める）の平均を計算し，注目画素の画素値とすることで平滑化を行うオペレータを**平均化（移動平均）オペレータ**（averaging operator）と呼ぶ．平均化オペレータ例を**図7.2**に示す．通常はオペレータの中心を注目画素とするため，サイズは奇数となる．**図7.4**に示すように，オペレータのサイズが大きくなるにしたがって，ぼやけ方が進んだ画像となる．

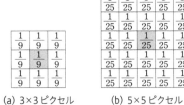

(a) 3×3ピクセル (b) 5×5ピクセル

図7.2 平均化オペレータの例

(a) 3×3ピクセル (b) 5×5ピクセル

図7.3 加重平均オペレータの例

(a) 入力画像

(b) 図7.2(a)のオペレータ
による平滑化結果

(c) 図7.2(b)のオペレータ
による平滑化結果

(d) 図7.3(a)のオペレータ
による平滑化結果

(e) 図7.3(b)のオペレータ
による平滑化結果

図7.4 平均化オペレータと加重平均オペレータの処理例

7.2.2 加重平均オペレータ

　加重平均オペレータ（weighted averaging operator）は注目画素に近いほど大きな重みを付けたオペレータである．注目画素の画素値に最も大きな重みを付けることで，単純な平均化オペレータに比べて，入力画像を残す度合いが大きい平滑化が実現できる．加重平均オペレータの例を**図7.3**に示す．これらのオペレータによる処理例を**図7.4**に示す．

　また，式(7.2)に示すように，正規分布にしたがって重みを付けた加重平均オペレータを **Gaussian オペレータ**と呼んでいる．

$$K(x, y) = \frac{1}{2\pi\sigma^2} \cdot \exp\left(-\frac{x^2 + y^2}{\sigma^2}\right) \tag{7.2}$$

ここで，σは標準偏差を表す．x, yは注目画素値からの距離と考えるとよい．標準偏差σが小さい場合は平滑化の度合いが小さく，標準偏差σが大きくなるにつれて平滑化度合いが増えていく．

7.2.3 プログラム例：平均化オペレータを用いた画像平滑化

平均化オペレータを用いた画像平滑化のプログラム例を以下に示す.

C 言語

```
1  double  op[3][3] = {{ 1.0 / 9.0, 1.0 / 9.0, 1.0 / 9.0 },
2                      { 1.0 / 9.0, 1.0 / 9.0, 1.0 / 9.0 },
3                      { 1.0 / 9.0, 1.0 / 9.0, 1.0 / 9.0 }};
4  double sum;
5
6  for(int y = 0; y < height; y++) {
7    for(int x = 0; x < width; x++) {
8      sum = 0.0;
9      for(int k = -1; k <= 1; k++) {
10       if(y + k < 0) continue;
11       if(y + k >= height) continue;
12       for(int l = -1; l <= 1; l++) {
13         if(x + l < 0) continue;
14         if(x + l >= width) continue;
15         sum += img_src[(y + k) * width + (x + l)] * op[k + 1][l + 1];
16       }
17     }
18     img_dst[y * width + x] = sum;
19   }
20 }
```

OpenCV と C++ 言語

```
1  blur(img_src, img_dst, Size(3,3));
```

関数 blur は，正規化された**ボックスオペレータ**（矩形のオペレータで，すべての値が 1）を用いて画像を平滑化する．関数 blur では，
- 第 1 引数：入力画像
- 第 2 引数：出力画像
- 第 3 引数：オペレータのサイズ

を指定する.

OpenCV と Python

```
1  img_dst = cv2.blur(img_src, (3, 3))
```

Python で使用する関数の引数は C++ で使用するときと同じであるが，出力画像を戻り値として返すこともできる．その場合には，C++ 関数の第 2 引数（出力画像）を省略して他のパラメータを順に指定すればよい.

7.2.4 バイラテラルオペレータ

　Gaussian オペレータは，「注目画素からの距離」に応じて重みを付けるオペレータであるが，「注目画素からの距離」に加えて，「注目画素との画素値の差」に応じて重みを付けるオペレータをバイラテラルオペレータ（bilateral operator）という．このオペレータを用いる平滑化処理は，式(7.3)のように表現できる．

$$
I_{\mathrm{dst}}(x, y) = \frac{\displaystyle\sum_{n=-w}^{w}\sum_{m=-w}^{w} I_{\mathrm{src}}(x+m, y+n) \cdot \exp\left(-\frac{m^2+n^2}{2\sigma_1^2}\right) \cdot \exp\left\{-\frac{\left(I_{\mathrm{src}}(x, y) - I_{\mathrm{src}}(x+m, y+n)\right)^2}{2\sigma_2^2}\right\}}{\displaystyle\sum_{n=-w}^{w}\sum_{m=-w}^{w} \exp\left(-\frac{m^2+n^2}{2\sigma_1^2}\right) \cdot \exp\left\{-\frac{\left(I_{\mathrm{src}}(x, y) - I_{\mathrm{src}}(x+m, y+n)\right)^2}{2\sigma_2^2}\right\}} \tag{7.3}
$$

　ここで，σ_1, σ_2 はそれぞれ，距離と画素値に関する重みを表す正規分布の標準偏差を表す．バイラテラルオペレータを用いれば，単純な平均化オペレータでエッジがぼやけてしまうという欠点が改善され，ノイズだけを除去できる．なぜなら，オペレータの中心（注目画素）の画素値と差の少ないところだけを Gaussian オペレータで平滑化するからである．バイラテラルオペレータを用いた処理例を図 7.5 に示す．Gaussian オペレータに比べてエッジが保存されていることが分かる．

7.2.5　プログラム例：Gaussian オペレータとバイラテラルオペレータを用いた画像平滑化

　線形フィルタ処理のプログラムでは，基本的にはオペレータの値のみを変えることでさまざまな処理が可能であるため，ここでは OpenCV による処理例のみ示す．

▌OpenCV と C++ 言語

```
1  GaussianBlur(img_src, img_dst1, Size(11, 11), 1); // Gaussian オペレータ
2  bilateralFilter(img_src, img_dst2, 11, 50, 100); // バイラテラルオペレータ
```

関数 GaussianBlur は Gaussian オペレータを用いて画像を平滑化する．関数 GaussianBlur では，
- 第 1 引数：入力画像
- 第 2 引数：出力画像
- 第 3 引数：オペレータのサイズ（形状は正方形とする）
- 第 4 引数：Gaussian オペレータの x 軸方向の標準偏差 σ
- 第 5 引数：Gaussian オペレータの y 軸方向の標準偏差 σ（第 5 引数を省略した場合は x 軸方向の標準偏差と同じとする）

を指定する．関数 bilateralFilter はバイラテラルオペレータを用いて画像を平滑化する．関数 bilateralFilter では，
- 第 1 引数：入力画像
- 第 2 引数：出力画像

- 第 3 引数：オペレータのサイズ（形状は正方形とする）
- 第 4 引数：色空間に関する標準偏差 σ_2
- 第 5 引数：距離空間に関する標準偏差 σ_1

を指定する．

▎OpenCV と Python

```
1  img_dst1 = cv2.GaussianBlur(img_src, (11, 11), 1) # Gaussian オペレータ
2  img_dst2 = cv2.bilateralFilter(img_src, 11, 50, 100) # バイラテラルオペレータ
```

▶ 処理結果

（a）入力画像

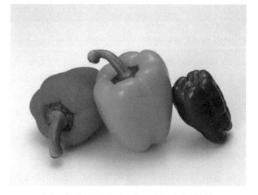

（b）Gaussian オペレータによる平滑化
（11 × 11 ピクセル，$\sigma = 1$）

（c）バイラテラルオペレータによる平滑化
（11 × 11 ピクセル，$\sigma_1 = 50$，$\sigma_2 = 100$）

図 7.5 Gaussian オペレータとバイラテラルオペレータを用いた平滑化処理結果の違い

7.2.6 中央値フィルタ処理

オペレータとの積和演算により画素値を平均化するこれまでの線形フィルタ処理と違い，注目画素

の周辺領域内のすべての画素値をソートし，その中央値（メディアン）を注目画素の画素値とする非線形フィルタ処理が**中央値フィルタ処理**（median filtering）である．特に，**図7.6(a)**に示すようなゴマ塩状のスパイクノイズ除去に効果を持つ．

7.2.7　プログラム例：中央値フィルタ処理による画像平滑化

中央値フィルタを用いた画像平滑化のプログラム例を以下に示す．

▌C 言語

```
 1  int  val[9], tmp;
 2
 3  for(int y = 0; y < height; y++) {
 4    for(int x = 0; x < width; x++) {
 5          // 注目画素の近傍画素値を配列 val[] にセット
 6          i = 0;
 7          for(int k = -1; k <= 1; k++) {
 8            if(y + k < 0) continue;
 9            if(y + k >= height) continue;
10            for(int l = -1; l <= 1; l++) {
11              if(x + l < 0) continue;
12              if(x + l >= width) continue;
13              val[i++] = img_src[(y + k) * width + (x + l)];
14            }
15          }
16
17          // 昇順に並べ替える（バブルソート使用）
18          for(int i = 0; i < 8; i++) {
19            for(int j = 8; j > i; j--) {
20              if(val[j - 1] > val[j]) {
21                tmp = val[j - 1];
22                val[j - 1] = val[j];
23                val[j] = tmp;
24              }
25            }
26          }
27
28          // 中央値 (val[4]) を注目画素の値とする
29          img_dst[y * width + x] = val[4];
30
31    }
32  }
```

▌OpenCV と C++ 言語

```
 1  medianBlur(img_src, img_dst, 9);
```

関数 `medianBlur` は，中央値フィルタを用いて画像を平滑化する．関数 `medianBlur` では，

- 第 1 引数：入力画像
- 第 2 引数：出力画像
- 第 3 引数：フィルタのサイズ

を指定する．

▌ OpenCV と Python

```
1  img_dst = cv2.medianBlur(img_src, 9)
```

▶ 処理結果

（a）ゴマ塩状のスパイクノイズを含んだ入力画像 　　　（b）中央値フィルタを施した結果

図 7.6 中央値フィルタを用いた平滑化処理の結果

7.3 エッジ検出フィルタ処理

エッジ検出フィルタ処理（edge detect filtering）は，画像中の画素値が急激に変わる部分を取り出す処理である．言い換えれば画像の輪郭を検出する処理ともいえる．画像の中から特徴や図形を検出するために使用されることが多い．ここでは，微分オペレータ，Sobel オペレータ，2 次微分オペレータを用いるエッジ検出について解説する．

7.3.1 微分オペレータ

画像の領域境界では，画素値の変化が大きくなる．そこで，画素値に対して微分演算を行い画素の勾配を求め，大きな勾配を持つ部分を抽出することで画像の境界部分を検出できる．デジタル画像に対する微分演算は，差分演算によって実現する．たとえば，図 7.7 のような，周辺が黒（画素値 0）で中央に白（画素値 255）の正方形が存在する画像の $y=3$ における x 軸方向の画素値 $I(x, 3)$ の変化

y \ x	0	1	2	3	4	5	6	7
0	0	0	0	0	0	0	0	0
1	0	0	0	0	0	0	0	0
2	0	0	255	255	255	255	0	0
3	0	0	255	255	255	255	0	0
4	0	0	255	255	255	255	0	0
5	0	0	255	255	255	255	0	0
6	0	0	0	0	0	0	0	0
7	0	0	0	0	0	0	0	0

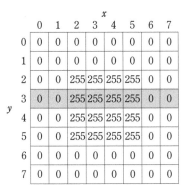

図 7.7　入力画像 $I(x, y)$ 例

は**図 7.8(a)** のようになる．ここで，

$$I'(x, 3) = I(x+1, 3) - I(x, 3) \tag{7.4}$$

として微分演算する（右隣の画素値との差を求める）と，**図 7.8(b)** のように輪郭部分の画素値が大きくなる．この x 軸方向の微分をオペレータで表現すると，**図 7.9** のような形となる．

図 7.9(a) の**微分オペレータ**は，注目画素とその右隣との画素値の差を，注目画素の値として出力する．逆に，**図 7.9(b)** の微分オペレータは，注目画素とその左隣との画素値の差を，注目画素の値として出力する．さらに，**図 7.9(c)** の微分オペレータは，注目画素のその両隣との画素値の差の平均をとり，注目画素の値として出力する．

図 7.7 の入力画像に**図 7.9(a)** と**図 7.9(c)** の微分オペレータを適用すると，**図 7.10(a), (b)** のように縦方向の輪郭を検出した結果が得られる．

図 7.7 の入力画像における x 軸方向の領域境界は，x 座標が「1」と「2」の間と，「5」と「6」の間

(a) 画素値の変化(x 軸方向)　　(b) 微分(右隣の画素値との差)

図 7.8　微分によるエッジ検出（y = 3 の場合）

(a)

0	0	0
0	−1	1
0	0	0

(b)

0	0	0
−1	1	0
0	0	0

(c)

0	0	0
$-\frac{1}{2}$	0	$\frac{1}{2}$
0	0	0

図 7.9　横方向微分オペレータ $K(m, n)$ の例

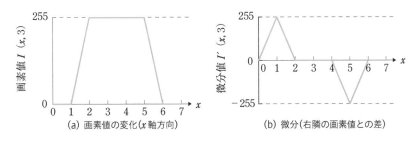

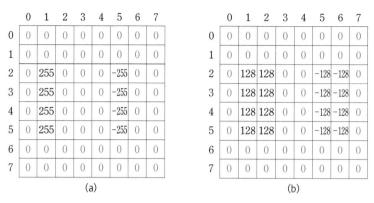

図 7.10 微分オペレータの適用結果

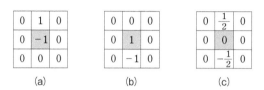

図 7.11 縦方向微分オペレータ $K(m, n)$ の例

に存在するが，微分オペレータを適用した結果は，**図 7.10 (a)** では実際の領域境界の左の座標値「1」と「5」に検出され，**図 7.10 (b)** では実際の領域境界の両側の座標値「1」「2」と「5」「6」両方に検出されることに注意が必要である．例では横方向の画素値変化により縦方向の輪郭を検出するための微分オペレータについて詳細に説明したが，同様に，**図 7.11** のような微分オペレータを用いると横方向の輪郭 $I'(y)$ を検出することができる．微分オペレータによるエッジ検出例を**図 7.12** に示す．
また，

$$I_x = \frac{\partial I(x, y)}{\partial x} \approx \frac{I(x + 1, y) - I(x, y)}{x + 1 - x} = I(x + 1, y) - I(x, y) \tag{7.5}$$

$$I_y = \frac{\partial I(x, y)}{\partial y} \approx \frac{I(x, y + 1) - I(x, y)}{y + 1 - y} = I(x, y + 1) - I(x, y) \tag{7.6}$$

とおくと，勾配の強さと方向は以下のようになる．

$$勾配の強さ : \sqrt{I_x^2 + I_y^2} \tag{7.7}$$

$$方向 \quad : \tan^{-1} \frac{I_y}{I_x} \tag{7.8}$$

各種の微分オペレータを用いて，I_x, I_y を計算した後，式 (7.7)，式 (7.8) を用いて各画素における画像の勾配を計算すれば，その強さと方向を用いて画像の輪郭を得ることができる．

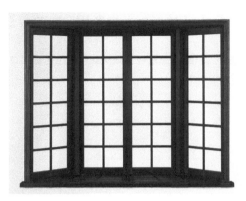

(a) 入力画像

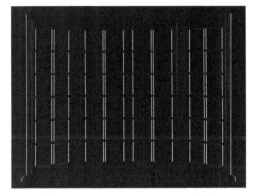

(b) 横方向微分オペレータによるエッジ検出

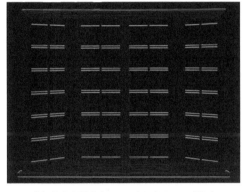

(c) 縦方向微分オペレータによるエッジ検出

図 7.12 微分オペレータによるエッジ検出例

7.3.2 Sobel オペレータ

　微分オペレータは画像に含まれるノイズにも反応してしまう．それを解決するために，微分する方向と別の方向に平滑化を行えるオペレータが **Sobel オペレータ**である．Sobel オペレータを図 7.13 に示す．

-1	0	1		1	0	-1
-2	0	2	or	2	0	-2
-1	0	1		1	0	-1

-1	-2	-1		1	2	1
0	0	0	or	0	0	0
1	2	1		-1	-2	-1

(a) 横方向 Sobel オペレータ　　　　(b) 縦方向 Sobel オペレータ

図 7.13 Sobel オペレータ $K(m, n)$ の例

7.3.3 プログラム例：Sobel オペレータを用いたエッジ検出

横方向 Sobel オペレータ（**図 7.13 (a)**）を用いてエッジを検出するプログラム例を以下に示す．

▌C 言語

```
 1  double  op[3][3] = {{-1.0, 0.0, 1.0},
 2                       {-2.0, 0.0, 2.0},
 3                       {-1.0, 0.0, 1.0}};
 4
 5  double sum, low = 0, up = 0;
 6
 7  for(int y = 0; y < height; y++) {
 8    for(int x = 0; x < width; x++) {
 9      sum = 0.0;
10      for(int k = -1 ; k <= 1; k++) {
11        if(y + k < 0) continue;
12        if(y + k >= height) continue;
13        for(int l = -1; l <= 1; l++) {
14          if(x + l < 0) continue;
15          if(x + l >= width) continue;
16          sum += img_src[(y + k) * width + (x + l)] * op[k + 1][l + 1];
17        }
18      }
19
20      sum = abs(sum);
21      img_tmp[y * width + x] = sum;
22      if(sum < low) low = sum;
23      if(sum > up) up  = sum;
24    }
25  }
26
27  // フィルタ処理後の画像は絶対値を取って，0 ～ 255 に変換
28  for(int i = 0; i < width * height; i++)
29    img_dst[i] = (unsigned char)((img_tmp[i] - low) / (up - low) * 255);
```

▌OpenCV と C++ 言語

```
 1  Mat img_tmp;
 2  Sobel(img_src, img_tmp, CV_32F, 1, 0, 3);
 3  convertScaleAbs(img_tmp, img_dst, 1, 0);
```

関数 Sobel は，Sobel オペレータを用いて，微分画像を求める．関数 Sobel では，

- 第 1 引数：入力画像
- 第 2 引数：出力画像
- 第 3 引数：出力画像の bit 深度
- 第 4 引数：x に関する微分の次数

- 第 5 引数：y に関する微分の次数
- 第 6 引数：Sobel オペレータのサイズ

を指定する．また，この処理結果を画像として確認できるようにするには，適当なスケーリングを行う必要がある．関数 ConvertScaleAbs を用いると，入力画像を，任意の線形変換によって 8 bit 符号なし整数にスケーリングできる．関数 ConvertScaleAbs では，

- 第 1 引数：入力画像
- 第 2 引数：出力画像
- 第 3 引数：入力画像のスケーリング係数
- 第 4 引数：スケーリングされた入力画像要素に加えられる値

を指定する．

OpenCV と Python

```
1  img_tmp = cv2.Sobel(img_src, cv2.CV_32F, 1, 0)
2  img_dst = cv2.convertScaleAbs(img_tmp, alpha = 1, beta = 0)
```

処理結果

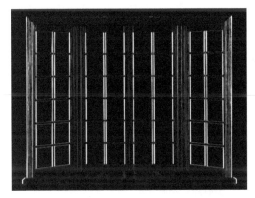

(a) 横方向 Sobel オペレータによるエッジ検出　　　　(b) 縦方向 Sobel オペレータによるエッジ検出
（関数 Sobel の第 4, 5 引数を 1, 0 に設定）　　　　　　（関数 Sobel の第 4, 5 引数を 0, 1 に設定）

図 7.14　Sobel オペレータによるエッジ検出例（図 7.12 (a) の入力画像に対して適用）

7.3.4　2 次微分オペレータ（Laplacian オペレータ）

これまでは画像の 1 次微分のみを用いたが，画像の 2 次微分を用いてもエッジを検出できる．図 7.15 (a) の画素値の微分（図 7.15 (b)）に対して，さらに微分 $I'(x) = I'(x+1) - I'(x)$ を行うと，図 7.15 (c) のように輪郭部分は値の正負が変わる点として検出される．

画像における 2 次微分は以下のように定義される．

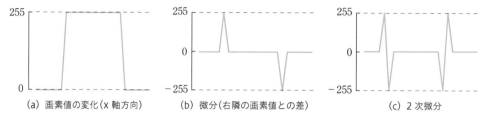

図7.15 2次微分オペレータによるエッジ検出

(a) 画素値の変化(x 軸方向)　(b) 微分(右隣の画素値との差)　(c) 2 次微分

・x 軸方向の 2 次微分

$$I_{xx}(x, y) = \{I(x+1, y) - I(x, y)\} - \{I(x, y) - I(x-1, y)\} = I(x+1, y) + I(x-1, y) - 2I(x, y) \quad (7.9)$$

・y 軸方向の 2 次微分

$$I_{yy}(x, y) = \{I(x, y+1) - I(x, y)\} - \{I(x, y) - I(x, y-1)\} = I(x, y+1) + I(x, y-1) - 2I(x, y) \quad (7.10)$$

・等方性 2 次微分（Laplacian）

$$\nabla^2 I(x, y) = \frac{\partial^2}{\partial x^2} I(x, y) + \frac{\partial^2}{\partial y^2} I(x, y) = I_{xx}(x, y) + I_{yy}(x, y)$$
$$= I(x+1, y) + I(x-1, y) + I(x, y+1) + I(x, y-1) - 4I(x, y) \quad (7.11)$$

式(7.11)で示される画像の等方性 2 次微分によってエッジを検出する図 7.16 のようなオペレータを，**2 次微分オペレータ**（Laplacian operator）と呼ぶ．図 7.7 の入力画像に対して，4 方向のみを考慮した図 7.16 (a) のオペレータによる 2 次微分結果を図 7.17 に示す．エッジ部分にプラスとマイナスの値が対になって出現していることが分かる．この対をもとに，エッジを検出する．

0	1	0
1	−4	1
0	1	0

(a) 4 方向

1	1	1
1	−8	1
1	1	1

(b) 8 方向

図7.16 2 次微分オペレータ $K(m, n)$ の例

0	0	0	0	0	0	0	0
0	0	255	255	255	255	0	0
0	255	−510	−255	−255	−510	255	0
0	255	−255	0	0	−255	255	0
0	255	−255	0	0	−255	255	0
0	255	−510	−255	−255	−510	255	0
0	0	255	255	255	255	0	0
0	0	0	0	0	0	0	0

図7.17 2 次微分オペレータの適用結果
（図 7.7 に図 7.16 (a) のオペレータを適用）

7.3.5 プログラム例：2 次微分オペレータを用いたエッジ検出

　線形フィルタ処理のプログラムでは，基本的にはオペレータの値のみを変えることでさまざまな処理が可能であるため，このプログラム例では OpenCV による処理例のみ示す．

▌ OpenCV と C++ 言語

```
1  Mat img_tmp;
2  Laplacian(img_src, img_tmp, CV_32F, 3);
3  convertScaleAbs(img_tmp, img_dst, 1, 0);
```

関数 Laplacian は，画像の 2 次微分を求める．関数 Laplacian では，
- 第 1 引数：入力画像
- 第 2 引数：出力画像
- 第 3 引数：出力画像の bit 深度
- 第 4 引数：オペレータのサイズ

を指定する．

▌ OpenCV と Python

```
1  img_tmp = cv2.Laplacian(img_src, cv2.CV_32F, 3)
2  img_dst = cv2.convertScaleAbs(img_tmp, alpha = 1, beta = 0)
```

▶ 処理結果

(a) 入力画像　　　　　　　　(b) 2 次微分オペレータの適用結果

図 7.18　2 次微分オペレータによるエッジ検出例

豆知識　Canny のエッジ検出アルゴリズム

入力画像に,
(1) Gaussian オペレータを適用することによりエッジをぼかす,
(2) Sobel オペレータを適用し画像を微分する,
(3) 微分画像を細線化する,
(4) 細線化した結果の連結性を上げるために, 2 つの閾値を用いた 2 値化を行う,
の 4 ステップでエッジ検出を行うのが **Canny のエッジ検出アルゴリズム** (Canny edge detection algorithm) である. Gaussian オペレータや閾値をうまく設定することで, 強い雑音に対してもきわめて効果的に輪郭を抽出でき, 曲線形状のエッジ検出において効果が大きいことより, エッジ検出によく使われている. Canny のエッジ検出アルゴリズムの適用例を図 7.19 に示す.

(a) 入力画像　　　　　　　　　　　　　　　(b) 出力画像

図 7.19　Canny のエッジ検出アルゴリズムの適用例

7.4 鮮鋭化フィルタ処理

7.4.1 画像鮮鋭化

　入力画像から 2 次微分画像を引くと, 図 7.20 (d) のように, 値が小さい部分から大きな部分に急激に変化する部分で, エッジ直前に入力画像にはないくぼみ (**アンダーシュート**) と, エッジ直後に突起 (**オーバーシュート**) が生じる. これにより画素値の変化が入力画像より大きくなり, 画像全体が鮮明になる. このように画素値の変化を強調することで鮮明な画像を得る処理を**鮮鋭化** (sharpening) という. 処理的には, 入力画像から 2 次微分画像を引くことと同じである. これをオペレータの形で表現すると, 図 7.21 のように表現される. 図 7.21 や図 7.22 のようなオペレータにより画像を鮮明にすることを**鮮鋭化フィルタ処理**と呼んでいる.

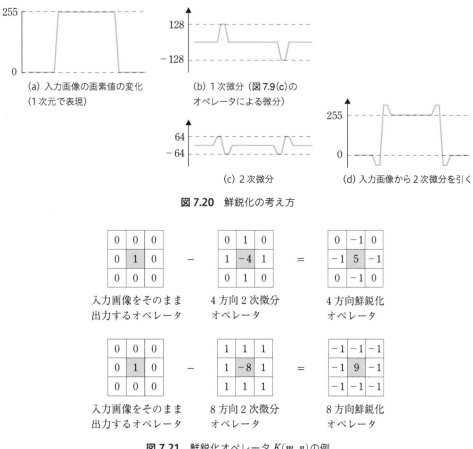

(a) 入力画像の画素値の変化
（1次元で表現）

(b) 1次微分（図7.9(c)の
オペレータによる微分）

(c) 2次微分

(d) 入力画像から2次微分を引く

図 7.20 鮮鋭化の考え方

入力画像をそのまま
出力するオペレータ

4方向2次微分
オペレータ

4方向鮮鋭化
オペレータ

入力画像をそのまま
出力するオペレータ

8方向2次微分
オペレータ

8方向鮮鋭化
オペレータ

図 7.21 鮮鋭化オペレータ $K(m, n)$ の例

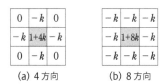

(a) 4方向

(b) 8方向

図 7.22 鮮鋭化の度合いを調整できるオペレータ $K(m, n)$

　また，鮮鋭化の度合いを変えるには，**図 7.21** で示したオペレータの値のうち，2次微分オペレータに相当する部分を定数倍して入力画像から引けばよい．鮮鋭化の度合いを表す値を $k(k>0)$ とすると，**図 7.22** のようなオペレータとして表現できる．k が大きくなるにしたがって，鮮鋭化の度合いも大きくなる．

7.4.2 プログラム例：鮮鋭化フィルタ処理

線形フィルタ処理のプログラムでは，基本的にはオペレータの値のみを変えることでさまざまな処理が可能であるため，プログラム例では OpenCV による処理例のみ示す．

▌OpenCV と C++ 言語

```
1   // 鮮鋭化オペレータを作成する
2   float k = 1.0;
3   Mat op = Mat::ones(3, 3, CV_32F) * -k;
4   op.at<float>(1,1) = 1 + 8 * k;
5
6   // 設定したオペレータでフィルタ処理する
7   filter2D(img_src, img_tmp, CV_32F, op);
8   convertScaleAbs(img_tmp, img_dst, 1, 0);
```

関数 filter2D は，任意のオペレータを画像に適用する．関数 filter2D では，
- 第 1 引数：入力画像
- 第 2 引数：出力画像
- 第 3 引数：出力画像の bit 深度．負の場合は，入力画像と同じになる．
- 第 4 引数：オペレータ

を指定する．

▌OpenCV と Python

```
1   k = 1.0
2   op = np.array([[-k, -k,        -k],
3                  [-k, 1 + 8 * k, -k],
4                  [-k, -k,        -k]])
5
6   img_tmp = cv2.filter2D(img_src, -1, op)
7   img_dst = cv2.convertScaleAbs(img_tmp, alpha = 1, beta = 0)
```

▶️ 処理結果

（a）入力画像

（b）出力画像（k = 1.0 の場合）

（c）出力画像（k = 3.0 の場合）

図 7.23 鮮鋭化オペレータの適用例

 アンシャープ処理

　画像の鮮鋭化は，「隣接する画素の画素値の差分を大きくする処理」である．逆に 7.2 節で扱った平滑化は「連続する画素値の差分をなめらかにする処理」である．これに着目して，なめらかになった階調から元の階調を引いた差分（画素値の差分が大きい所は，平滑化度合いも大きくなっている）に元の階調を足すと，階調差分をより大きくすることができる．この処理手順によって画像を鮮鋭化することを**アンシャープ処理**（unsharp masking）という．Photoshop などの画像処理ソフトにある「アンシャープマスク」という機能がこの処理にあたる．

☐ **1.** 図 7.7 に Sobel オペレータを適用すると，どのような画像が得られるか調べよ．また，適用結果をグレースケール画像として表示するために必要な処理を述べよ．

☐ **2.** 練習問題 7.1 の問題 1 と同様に図 7.7 に鮮鋭化オペレータを適用すると，どのような画像が得られるか調べよ．

☐ **3.** 7.2.5 項で使用した関数 GaussianBlur の標準偏差 σ を変更した際に，結果がどのように変わるかを調べよ．

2 値画像処理

本章では，2 値画像に対するさまざまな処理について解説する．まず，閾値処理による 2 値画像の生成と，それを用いたマスク処理について解説する．次に，2 値画像からノイズを取り除く方法について解説する．最後に，2 値画像内に存在する連結要素の特徴を計算するためのさまざまな手法について解説する．

8.1 ▶ 2 値化処理

8.1.1 2 値化処理（閾値処理）とは

　濃淡（グレースケール）画像やカラー画像などから，適当な条件をもとに 2 値画像を生成する処理を，**2 値化処理**（binarization）と呼ぶ．**2 値画像**（binary image）とは，白または黒のみの画素を持つ画像のことで，白黒画像と呼ばれることもある．2 値化処理は，ある画像から注目する領域を抽出するために用いられたり，不要な部分を処理対象から除去するためのマスク画像の生成に用いられたりする．

　2 値化処理の単純な方法としては**閾値処理**（thresholding）がある．これは各画素の画素値と閾値とを比較して，その大小により白または黒に変換するものである．入力画像の (x, y) 座標の画素値を $I_{\mathrm{src}}(x, y)$，出力画像の (x, y) 座標の画素値を $I_{\mathrm{dst}}(x, y)$，閾値を thresh とすると，式(8.1)が成り立つ．

$$I_{\mathrm{dst}}(x, y) = \begin{cases} 255 & (I_{\mathrm{src}}(x, y) > \mathrm{thresh}) \\ 0 & (\mathrm{otherwise}) \end{cases} \tag{8.1}$$

　図 8.1 は閾値 thresh = 100 のときの画素値のトーンカーブを表したものである．横軸が入力画像の画素値，縦軸が出力画像の画素値をそれぞれ示している．

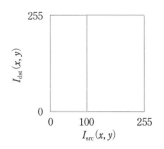

図 8.1　2 値化処理のトーンカーブ
(thresh = 100 の場合)

8.1.2 プログラム例：閾値処理による 2 値化

閾値処理による 2 値化のプログラム例を以下に示す.

▌C 言語

```
1  int thresh = 100;
2  for(int y = 0; y < height; y++) {
3    for(int x = 0; x < width; x++) {
4      if(img_src[y * width + x] > thresh) {
5        img_dst[y * width + x] = 255;
6      } else {
7        img_dst[y * width + x] = 0;
8      }
9    }
10 }
```

▌OpenCV と C++ 言語

```
1  int thresh = 100;
2  threshold(img_src, img_dst, thresh, 255, THRESH_BINARY);
```

関数 threshold は閾値処理を行う. 関数 threshold では,

- 第 1 引数：入力画像
- 第 2 引数：出力画像
- 第 3 引数：閾値
- 第 4 引数：画素値の最大値
- 第 5 引数：閾値処理の種類

を指定する. 第 5 引数には THRESH_BINARY 以外に以下のような定数を指定することで, さまざまな処理が可能である.

- THRESH_BINARY_INV

  入力画像の画素値が閾値より大きい場合は 0, それ以外の場合は画素値の最大値となる（図 8.2(a)）.

$$I_{dst}(x, y) = \begin{cases} 0 & (I_{src}(x, y) > \text{thresh}) \\ 255 & (\text{otherwise}) \end{cases} \tag{8.2}$$

- THRESH_TRUNC

  入力画像の画素値が閾値より大きい場合は閾値, それ以外の場合は入力画像のままとなる（図 8.2(b)）.

$$I_{dst}(x, y) = \begin{cases} \text{thresh} & (I_{src}(x, y) > \text{thresh}) \\ I_{src}(x, y) & (\text{otherwise}) \end{cases} \tag{8.3}$$

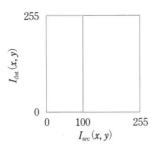

(a) THRESH_BINARY_INV のトーンカーブ

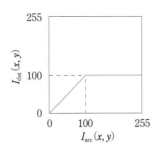

(b) THRESH_TRUNC のトーンカーブ

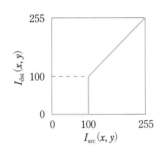

(c) THRESH_TOZERO のトーンカーブ

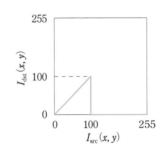

(d) THRESH_TOZERO_INV のトーンカーブ

図 8.2 関数 threshold で使用できる閾値関数の種類

- THRESH_TOZERO

  入力画像の画素値が閾値より大きい場合は入力画像のまま，それ以外の場合は 0 となる（図 8.2(c)）．

$$I_{\mathrm{dst}}(x, y) = \begin{cases} I_{\mathrm{src}}(x, y) & (I_{\mathrm{src}}(x, y) > \mathrm{thresh}) \\ 0 & (\mathrm{otherwise}) \end{cases} \tag{8.4}$$

- THRESH_TOZERO_INV

  入力画像の画素値が閾値より大きい場合は 0，それ以外の場合は入力画像のままとなる（図 8.2(d)）．

$$I_{\mathrm{dst}}(x, y) = \begin{cases} 0 & (I_{\mathrm{src}}(x, y) > \mathrm{thresh}) \\ I_{\mathrm{src}}(x, y) & (\mathrm{otherwise}) \end{cases} \tag{8.5}$$

OpenCV と Python

```
1  thresh = 100
2  ret, img_dst = cv2.threshold(img_src, thresh, 255, cv2.THRESH_BINARY)
```

図 8.3 に示すように，2 値化の閾値を大きくすると，出力画像で表示される領域が減っていることが分かるだろう．

(a) 入力画像   (b) 出力画像 (thresh = 100 の場合)   (c) 出力画像 (thresh = 150 の場合)

図 8.3 閾値処理による 2 値化の適用結果

8.2 マスク処理

8.2.1 マスク処理とは

マスク処理（masking）とは，不必要とする部分を完全に消去し，必要な領域のみを抽出する処理である．画像処理におけるマスクとは，不必要な部分を隠ぺいするための覆いを意味する．マスク画像は 2 値画像であり，黒領域を隠ぺいし，白領域を抽出する．マスク画像の生成は先に述べた閾値処理により動的に行うことが多い．しかし，処理すべき画像の領域があらかじめ決まっていたり，カメラが固定されていたりなど，条件が変化しない場合には手動で固定のマスク画像を用意することもある．マスク処理の応用例に関しては，9.2 節でさらに詳しく説明する．

8.2.2 プログラム例：マスク処理

マスク処理のプログラム例を以下に示す．変数 `img_msk` にはマスク画像が入っているものとする．

▌C 言語

```
1  for(int y = 0; y < height; y++) {
2    for(int x = 0; x < width; x++) {
3      if(img_msk[y * width + x] == 255) {
4        img_dst[y * width + x] = img_src[y * width + x];
5      } else {
6        img_dst[y * width + x] = 0;
7      }
8    }
9  }
```

▌ OpenCV と C++ 言語

```
1  img_src.copyTo(img_dst, img_msk);
```

Mat クラスのメンバ関数 copyTo は，第 1 引数にコピー先を指定する．第 2 引数にマスク画像を指定することで，マスクされた領域のみコピーすることができる．

▌ OpenCV と Python

```
1  img_dst = cv2.bitwise_and(img_src, img_msk)
```

▶ 処理結果

図 8.4 に示すように，出力画像では，マスク画像の白部分のみを入力画像から抜き出したような結果になっていることが分かるだろう．

(a) 入力画像　　　　　　　　　　(b) マスク画像　　　　　　　　　(c) 出力画像

図 8.4　マスク処理の適用結果

8.3 ▶ 膨張・収縮処理

8.3.1　膨張・収縮処理とは

自然な風景などを撮影した画像の画素値は一様ではなく，ムラがある．見た目では同じ色をした物の画像であっても，そこには微妙なゆらぎが存在する．そのような画像に対して閾値処理による 2 値化処理を行った場合，得られる 2 値画像には多くのノイズが入ってしまう（図 8.5）．具体的なノイズの状況としては，

・多くの微小な孔が開く（図 8.5（b）-①）

・複数に分断されて連結性が失われる（図 8.5（b）-②）

・不必要な部分が微小な独立点として残る（図 8.5（b）-③）

などがある．このような 2 値画像に対しては，膨張・収縮処理を施してノイズ除去することが多い．

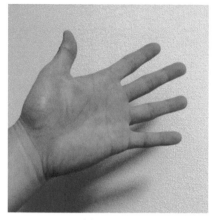
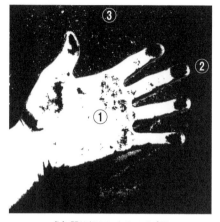

(a) 入力画像 (b) 閾値処理によるノイズ例

図 8.5　閾値処理による 2 値化を行ったノイズを含む 2 値画像

膨張処理（dilation）とは図形を外側に 1 画素分広げる処理であり，これにより微小な孔を塞ぐことが可能である．また，**収縮処理**（erosion）とは図形を内側に 1 画素分狭める処理であり，これにより独立点や突起を除去できる．このような処理を**モルフォロジー演算**（morphological operation）と呼ぶ．

　膨張処理を数回繰り返し実行すれば，分断した領域を結合することができる．また，収縮処理を数回繰り返し実行すれば，小さな独立領域を消去して，最大領域のみ残すことができる．

　具体的な処理方法は，以下のように非常に単純である．

- 膨張処理：注目画素またはその近傍に白画素があれば，注目画素を白にする．
- 収縮処理：注目画素またはその近傍に黒画素があれば，注目画素を黒にする．

　ここで，近傍とは隣接する画素のことであり，膨張・収縮処理では 4 近傍や 8 近傍がよく用いられる．4 近傍は注目画素 $I(x, y)$ の上下左右（$I(x, y-1)$，$I(x, y+1)$，$I(x-1, y)$，$I(x+1, y)$），8 近傍は上下左右に加え，斜め上下の 4 点（$I(x-1, y-1)$，$I(x+1, y-1)$，$I(x-1, y+1)$，$I(x+1, y+1)$）を追加したものである（**図 8.6**）．

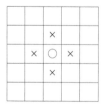
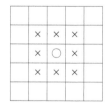

(a) 4 近傍 (b) 8 近傍

図 8.6　注目画素（中央の○）と近傍（×）

たとえば，4近傍，8近傍でそれぞれ膨張処理した結果は図8.7のようになる．また，4近傍，8近傍でそれぞれ収縮処理した結果は，図8.8のようになる．4近傍，8近傍は最もよく使われる近傍の取り方であるが，これら以外にもさまざまな取り方がある．たとえば，注目画素から2段階外側までを近傍とする24近傍や，上下方向や斜め方向だけを近傍とするような対称性のない近傍の取り方も考えられる（図8.9）．近傍の取り方は，対象となる画像や利用状況に応じて，柔軟に使い分けられる．

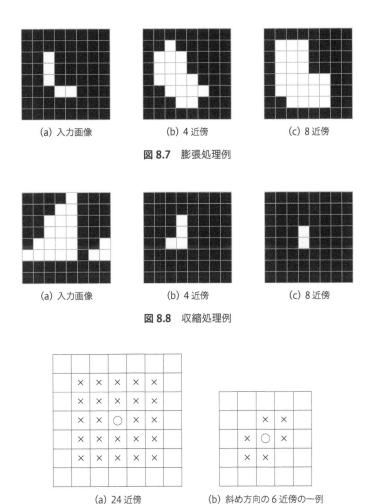

(a) 入力画像 　　　(b) 4近傍 　　　(c) 8近傍

図 8.7 膨張処理例

(a) 入力画像 　　　(b) 4近傍 　　　(c) 8近傍

図 8.8 収縮処理例

(a) 24近傍 　　　(b) 斜め方向の6近傍の一例

図 8.9 その他の近傍の表現例

8.3.2 プログラム例：膨張・収縮

膨張・収縮のプログラム例を以下に示す．入力画像は2値画像とする．

C言語（膨張処理（4近傍））

```
 1  for(int y = 1; y < height - 1; y++) {
 2    for(int x = 1; x < width - 1; x++) {
 3      if((img_src[y * width + x] == 255)
 4        || (img_src[y * width + (x - 1)] == 255)
          || (img_src[y * width + (x + 1)] == 255)
 5        || (img_src[(y - 1) * width + x] == 255)
          || (img_src[(y + 1) * width + x] == 255)) {
          img_dst[y * width + x] = 255;
 6      } else {
 7        img_dst[y * width + x] = 0;
 8      }
 9    }
10  }
```

C言語（収縮処理（4近傍））

```
 1  for(int y = 1; y < height - 1; y++) {
 2    for(int x = 1; x < width - 1; x++) {
 3      if((img_src[y * width + x] == 0)
 4        || (img_src[y * width + (x - 1)] == 0)
          || (img_src[y * width + (x + 1)] == 0)
 5        || (img_src[(y - 1) * width + x] == 0)
          || (img_src[(y + 1) * width + x] == 0)) {
          img_dst[y * width + x] = 0;
 6      } else {
 7          img_dst[y * width + x] = 255;
 8      }
 9    }
10  }
```

OpenCV と C++ 言語

```
 1  Mat element4 = (Mat_<uchar>(3, 3) << 0, 1, 0, 1, 1, 1, 0, 1, 0); // 4近傍
 2  Mat element8 = (Mat_<uchar>(3, 3) << 1, 1, 1, 1, 1, 1, 1, 1, 1); // 8近傍
 3  // dilate(img_src, img_dst, element8, Point(-1, -1), 1);
 4  erode(img_src, img_dst, element4, Point(-1, -1), 1);
```

関数 dilate, erode はそれぞれ膨張，収縮を行う関数であり，引数の意味は以下の通りである．

- 第 1，2 引数：入力画像，出力画像
- 第 3 引数　　：膨張，収縮に用いられる構造要素
- 第 4 引数　　：構造要素のアンカー位置．（−1，−1）で構造要素の中心に設定
- 第 5 引数　　：繰り返し回数

```
1  element4 = np.array([[0, 1, 0], [1, 1, 1], [0, 1, 0]]).astype(np.uint8)  # 4 近傍
2  element8 = np.array([[1, 1, 1], [1, 1, 1], [1, 1, 1]]).astype(np.uint8)  # 8 近傍
3  # img_dst = cv2.dilate(img_src, element8, iterations = 1)
4  img_dst = cv2.erode(img_src, element4, iterations = 1)
```

▶ 処理結果

　入力画像として，手領域をマスク画像にした 2 値画像に対して 10000 点の白黒ノイズを付加したものを用意した（図 8.10 (a)）．この画像に対して 8 近傍で膨張・収縮処理を施した結果が図 8.10 (b), (c)である．膨張処理された画像を見ると，手領域内に存在した黒点が埋まって手領域が復元されていることが分かる．しかし同時に背景の白点も膨らんでしまっている．一方，収縮処理された画像を見る

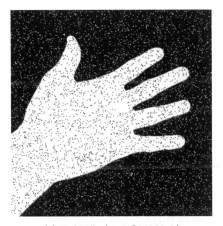

(a) 入力画像（ノイズ 10000 点）

(b) 入力画像を 8 近傍で膨張処理

(c) 入力画像を 8 近傍で収縮処理

図 8.10　膨張・収縮処理の適用結果

と，背景に存在した白点がすべて排除されているものの，手領域内の黒点が膨らんでしまっている．

ここでは，膨張・収縮処理を 1 回だけ用いた際の結果を示したが，膨張・収縮処理をうまく組み合わせれば必要な部分のみをきれいに抽出できることは容易に想像がつく．次節ではこの方法について述べる．

8.4 オープニング・クロージングによるノイズ除去

8.4.1 オープニング・クロージング処理

図 8.10 から分かるように，膨張・収縮処理だけでは，一方のノイズが除去できるものの，もう一方のノイズが増大してしまうという問題が発生した．そこで，膨張・収縮処理を複数回適用したり，組み合わせたりすることで，より強力にノイズ除去する方法について解説する．

膨張を n 回実施した後，収縮を n 回実施する処理を**クロージング**（closing）と呼ぶ．逆に，収縮を n 回実施した後，膨張を n 回実施する処理を**オープニング**（opening）と呼ぶ．クロージングでは，小さな孔を塞ぎ，分断された連結要素を接続することができる．また，オープニングでは，小さなノイズを取り除くことができる．処理回数 n を大きくすることで，より大きな孔を塞いだり，より大きなノイズを取り除いたりすることができるが，次第に元の形状が失われてしまうため，過度の繰り返しには注意が必要である．

8.4.2 プログラム例：オープニング・クロージングによるノイズ除去

オープニング・クロージングによるノイズ除去のプログラム例を以下に示す．擬似言語と C 言語のプログラムは，膨張・収縮処理の組み合わせで実現可能なのでここでは省略する．

▌OpenCV と C++ 言語

```
1  Mat img_tmp;
2  Mat element8 = (Mat_<uchar>(3, 3) << 1, 1, 1, 1, 1, 1, 1, 1, 1); // 8近傍
3  // オープニング
4  morphologyEx(img_src, img_tmp, MORPH_OPEN, element8, Point(-1, -1), 1);
5  // クロージング
6  morphologyEx(img_tmp, img_dst, MORPH_CLOSE, element8, Point(-1, -1), 1);
```

関数 morphologyEx は主に膨張・収縮を利用した画像処理を行う．引数の意味は以下の通りである．
- 第 1，2 引数：入力画像，出力画像
- 第 3 引数　　：処理の種別

MORPH_OPEN	オープニング
MORPH_CLOSE	クロージング
MORPH_GRADIENT	モルフォロジー勾配

MORPH_TOPHAT	トップハット変換
MORPH_BLACKHAT	ブラックハット変換

- 第 4, 5 引数：構造要素とアンカー
- 第 6 引数　　：繰り返し回数

OpenCV と Python

```
1  element8 = np.array([[1, 1, 1], [1, 1, 1], [1, 1, 1]]).astype(np.uint8)  # 8 近傍
2  # オープニング
3  img_tmp = cv2.morphologyEx(img_src, cv2.MORPH_OPEN, element8)
4  # クロージング
5  img_dst = cv2.morphologyEx(img_tmp, cv2.MORPH_CLOSE, element8)
```

▶ 処理結果

　手領域のマスク画像に 10000 点の白黒ノイズを付加したものを入力画像として使用した（図 8.11 (a)）．この入力画像に対して，8 近傍のオープニング，8 近傍のクロージングの順で 1 回，5 回，10 回，20 回ずつ施した結果が図 8.11 (b)，(c)，(d)，(e) である．膨張・収縮処理では残っていた小さな白点・黒点が排除され，きれいにノイズ除去できていることが見て取れる．しかし，5，10，20 回と繰り返し回数を増やすにつれて，ノイズ除去の能力は上がるものの，元の形状が維持できていないことも分かる．繰り返し回数は極力小さく設定することが望ましく，状況に応じて適宜調整してほしい．

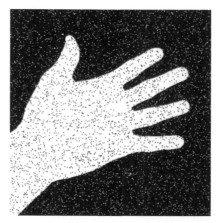

(a) 入力画像（ノイズ10000点）

（b）オープニング1回，クロージング1回

（c）オープニング5回，クロージング5回

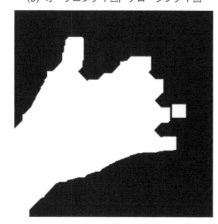

（d）オープニング10回，クロージング10回

（e）オープニング20回，クロージング20回

図 8.11 オープニング・クロージングの処理例

8.5 形状特徴パラメータ

2値画像内に存在する一連の繋がった要素は**ブロブ**（blob）と呼ばれる．画像内のブロブは1つとは限らず，多数存在する場合もあるだろう．それぞれのブロブの輪郭形状を読み取れば，その物体が何であるかを推定することができる．またブロブの大きさや傾きを見れば，その物体までの距離や姿勢をおおまかに推定することも可能となる．このようにブロブの形状特徴を知ることで，より高度な処理が可能となる．ブロブの形状特徴はさまざまな方法で数値化されて表現される．これを**形状特徴パラメータ**（geometric feature parameter）と呼ぶ．ここでは，これらのパラメータを算出するいくつかの方法について解説する．

8.5.1 外接長方形と縦横比

ブロブを包含する矩形を**外接長方形**（bounding box），その長方形の2辺の比を**縦横比**（aspect ratio）と呼ぶ．単一ブロブの画像において外接長方形を求めるには，画像を走査してブロブの上下左右の端を見つければよい．また，縦横比は外接長方形の縦横の辺の長さを求めて割ることで得られる．

文献によっては外接長方形を主軸の傾き（8.5.5項参照）に合わせて回転させることもあるが，ここでは考慮しないこととする．また，縦横比についても，（短辺)/(長辺）と定義する文献もあるが，ここでは，（縦の辺の長さ)/(横の辺の長さ）として計算することとする．

8.5.2 プログラム例：外接長方形と縦横比

外接長方形と縦横比を求めるプログラム例を以下に示す．入力画像は2値画像とする．

C言語

```
1   // 外接長方形の頂点座標
2   int x_min = width, x_max = 0;
3   int y_min = height, y_max = 0;
4   for(int y = 0; y < height; y++) {
5     for(int x = 0; x < width; x++) {
6       if(img_src[y * width + x] == 255) {
7         if(x < x_min) x_min = x;
8         else if(x > x_max) x_max = x;
9         if(y < y_min) y_min = y;
10        else if(y > y_max) y_max = y;
11      }
12    }
13  }
14  // 縦横比
15  double aspectratio = (double)(y_max - y_min) / (x_max - x_min);
```

```
1  Rect rect = boundingRect(img_src);
2  double aspectratio = (double)(rect.height) / rect.width;
3  cout << aspectratio << endl;
4  rectangle(img_src, rect, 128);
```

関数 boundingRect は外接長方形を求める関数で，第1引数に入力画像を指定すると Rect 型で結果が返される．Rect 型は x，y，width，height などのメンバ変数を持っており，(x,y) は長方形の左上頂点座標，width，height はそれぞれ長方形の横幅・縦幅である．

▌ OpenCV と Python

```
1  x, y, w, h = cv2.boundingRect(img_src)
2  aspectratio = float(h) / w
3  print(aspectratio)
4  cv2.rectangle(img_src, (x, y), (x+w, y+h), 128)
```

▶ 処理結果

図 8.12 に示すようにブロブを包含している矩形が外接長方形である．縦長のブロブほど縦横比は大きく，横長になれば縦横比は小さくなっている．縦横比はブロブの大きさに影響されず一定（相似不変量）である．図 8.12 では結果が分かりやすいように外接長方形を描画している．

(a) 縦横比 = 2.34　　　　(b) 縦横比 = 0.91　　　　(c) 縦横比 = 1.36

図 8.12　外接長方形と縦横比の検出結果

8.5.3 面積，周囲長，円形度

　ブロブの**面積**（area），**周囲長**（perimeter），**円形度**（circularity）も形状特徴パラメータとしてよく用いられる．ここでは，これらの求め方について説明する．

▶**面積**

　ブロブの大きさを表すパラメータである．ブロブ内にある白い画素数をすべて計数することで求めることができる．

▶**周囲長**

　ブロブの輪郭の長さを表すパラメータである．周囲長を求めるためのアルゴリズムは以下の通りである．

step 1　入力画像（図 8.13 (a)）の左上画素から順に走査して最初に現れる白画素を探索し，最初の注目画素とする（図 8.13 (b)）．

step 2　注目画素の下，右，上，左の順（図 8.14）に白画素を探索し，最初に見つかった白画素の位置を次の注目画素とする（図 8.13 (c)）．

step 3　前の注目画素方向の 1 つ前の方向から白画素を順に探索し，最初に見つかった位置を次の注目画素とする．

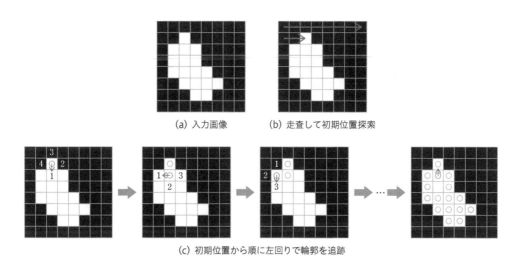

(a) 入力画像　　　　(b) 走査して初期位置探索

(c) 初期位置から順に左回りで輪郭を追跡

図 8.13　周囲長の処理手順

図 8.14　輪郭の探索順

step3 を繰り返して注目画素の移動回数を計数し，最初の注目画素の位置に戻った時点で終了とする．

上記の方法は 4 近傍探索の場合で，注目画素を移動するごとに +1 して周囲長を求めるが，実際の形状と比較すると誤差が大きい．上下左右だけでなく斜め方向の探索も加えて，注目画素の周囲 8 近傍で探索する方法もある．また，斜め方向に注目画素を移動する際には，$\sqrt{2}$ を加算することで，より高精度な周囲長を求めることができる．

▶円形度

円形度とは，対象がどれほど円形に近いかを表すパラメータであり，式(8.6)で定義される．

$$C = \frac{4\pi A}{P^2} \tag{8.6}$$

ここで，A は面積，P は周囲長で，円形度 C が 1 に近いほど円形に近いことを示す．数学的には，半径 r の円の場合，$A = \pi r^2$，$P = 2\pi r$ となり，円形度 $C = 1$ となる．しかしデジタル画像の場合には空間的に離散化されているため，円にかなり近い形状のブロブであっても 1 になることはないので注意が必要である．

8.5.4 プログラム例：面積，周囲長，円形度

面積，周囲長，円形度の算出プログラム例を以下に示す．入力画像は 2 値画像とする．

▌C 言語（面積を求める）

```
1  int area = 0;
2  for(int y = 0; y < height; y++) {
3    for(int x = 0; x < width; x++) {
4      if(img_src[y * width + x] == 255) area++;
5    }
6  }
```

▌C 言語（周囲長を求める）

```
1  // 始点の探索
2  int ini_x, ini_y;
3  for(int y = 0; y < height; y++) {
4    for(int x = 0; x < width; x++) {
5      if(img_src[y * width + x] == 255) {
6        ini_y = y;
7        ini_x = x;
8        goto INI_OK;
9      }
10   }
11 }
```

```
12
13  INI_OK:
14  // 4近傍  下右上左
15  int rot_x[4] = { 0, 1,  0, -1};
16  int rot_y[4] = { 1, 0, -1,  0};
17  int rot = 0; // 探索方向
18  int perimeter = 0; // 周囲長
19  int now_x, now_y;
20  int pre_x = ini_x;
21  int pre_y = ini_y;
22  while(1) {
23    for(int i = 0; i < 4; i++) {
24      now_x = pre_x + rot_x[(rot + i) % 4];
25      now_y = pre_y + rot_y[(rot + i) % 4];
26      if(now_x < 0 || now_x > width - 1 || now_y < 0 || now_y > height - 1)
           continue;
27      if(img_src[now_y * height + now_x] == 255) {
28        pre_x = now_x;
29        pre_y = now_y;
30        perimeter++;
31        rot += i + 3;  // 次の探索方向は今見つかった方向の1つ前から始める
32        break;
33      }
34    }
35    if(pre_x == ini_x && pre_y == ini_y) break;
36  }
```

C 言語（円形度を求める）

```
1  double roundness = 4 * M_PI * area / perimeter / perimeter;
```

OpenCV と C++ 言語

```
1  vector<vector<Point>> contours;
2  findContours(img_src, contours, RETR_EXTERNAL, CHAIN_APPROX_SIMPLE);
3  double area = contourArea(Mat(contours[0])); // 面積
4  double perimeter = arcLength(Mat(contours[0]), true); // 周囲長
5  double roundness = 4 * M_PI * area / perimeter / perimeter; // 円形度
```

入力画像 img_src は 2 値画像とする．関数 findContours はブロブの輪郭を求める関数で，引数
は以下の通りである．詳細は OpenCV リファレンスを参照してほしい．

- 第 1 引数：入力画像
- 第 2 引数：検出された輪郭を保持する変数
- 第 3 引数：輪郭抽出モード

        RETR_EXTERNAL 最も外側の輪郭のみ抽出

        RETR_LIST   すべての輪郭を抽出するが，階層構造を保持しない．

| RETR_CCOMP | すべての輪郭を抽出し，２階層構造として保存する． |
| RETR_TREE | すべての輪郭を抽出し，完全な階層構造を保存する． |

- 第 4 引数：輪郭の近似手法（一部）

| CHAIN_APPROX_NONE | すべての輪郭点を完全に格納 |
| CHAIN_APPROX_SIMPLE | 線分の端点のみを残す |

関数 contourArea，関数 arcLength はそれぞれ輪郭が囲む領域の面積や輪郭線の長さを求める関数で，引数には関数 findContours で得られた輪郭を渡す．

OpenCV と Python

```
1  contours = cv2.findContours(img_src, cv2.RETR_EXTERNAL, cv2.CHAIN_APPROX_SIMPLE)[0]
2  area = cv2.contourArea(contours[0]) # 面積
3  perimeter = cv2.arcLength(np.array(contours[0]), True) # 周囲長
4  roundness = 4 * np.pi * area / perimeter / perimeter # 円形度
```

▶ 処理結果

さまざまな形状のブロブに対して周囲長と円形度を求めた結果を図 8.15 に示す．これらの画像サイズは 64×64 ピクセルで，4 近傍で周囲長を算出し，円形度は小数点以下 3 桁までとした．円形度が大きいものほど円に近い形状をしていることが分かるだろう．

図 8.15 周囲長，円形度の処理例

□ **1.** 8近傍探索して輪郭を求めた場合の注目画素の移動を以下の画像でトレースせよ.

□ **2.** 8近傍探索で周囲長を求めるプログラムを実装し，4近傍の結果と比較せよ.

□ **3.** ブロブの形状は同じであるが，画像サイズが異なるとどうなるか比較せよ.

□ **4.** さまざまな形状のブロブで面積，周囲長，円形度を求めよ.

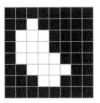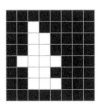

8.5.5 重心と主軸角度

　力学的な意味での**重心**（center of gravity, COG）は物体に働く重力がつり合う点である．画像においても同様に，ブロブを密度の均一な1枚の板とみなして重心を求めることができる．また**主軸**（**慣性主軸**）（principal axes）は，誤解を恐れず大雑把にいえば，最も安定して物体を回転させることができる方向のことで，必ず重心を通る．主軸が x 軸となす角度を**主軸角度**と呼び，ブロブの姿勢を表すパラメータとしてよく用いられる（**図 8.16**）．これらの形状特徴パラメータを求めるには以下のように計算する．ここで (x_i, y_i) は白画素の座標値である．

▶面積 A

$$A = \sum_x \sum_y I_{\mathrm{src}}(x, y) \tag{8.7}$$

▶重心 (x_g, y_g)

$$x_g = \frac{1}{A} \sum_x \sum_y x \cdot I_{\mathrm{src}}(x, y) \tag{8.8}$$

$$y_g = \frac{1}{A} \sum_x \sum_y y \cdot I_{\mathrm{src}}(x, y) \tag{8.9}$$

▶主軸角度 θ

$$x_d = \sum_x \sum_y (x_i - x_g)^2 \tag{8.10}$$

$$y_d = \sum_x \sum_y (y_i - y_g)^2 \tag{8.11}$$

$$xy_d = \sum_x \sum_y (x_i - x_g) \cdot (y_i - y_g) \tag{8.12}$$

$$\theta = \frac{1}{2} \tan^{-1} \left(\frac{2xy_d}{x_d - y_d} \right) \tag{8.13}$$

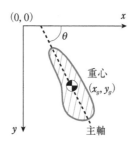

図 8.16 重心と主軸角度

8.5.6　プログラム例：重心と主軸角度

重心と主軸角度を求めるプログラム例を以下に示す．入力画像は 2 値画像とする．

▌C 言語

```
1   // 重心の計算
2   int count = 0;
3   double x_g = 0.0, y_g = 0.0, x_d = 0.0, y_d = 0.0, xy_d = 0.0;
4   for(int y = 0; y < height; y++) {
5     for(int x = 0; x < width; x++) {
6       if(img_src[y * width + x] == 255) {
7         count++;
8         x_g += x;
9         y_g += y;
10      }
11    }
12  }
13  x_g /= count;
14  y_g /= count;
15
16  // 慣性主軸の角度の計算
17  for(int y = 0; y < height; y++) {
```

```
18      for(int x = 0; x < width; x++) {
19        if(img_src[y * width + x] == 255) {
20          x_d  += (x - x_g) * (x - x_g);
21          y_d  += (y - y_g) * (y - y_g);
22          xy_d += (x - x_g) * (y - y_g);
23        }
24      }
25    }
26    double ang = 0.5 * atan2(2 * xy_d, x_d - y_d) / M_PI * 180.0;
```

OpenCV と C++ 言語

```
1   Moments m = moments(img_src, true);
2
3   // 面積
4   double area = m.m00;
5   cout << "area: " << area << endl;
6   // 重心
7   double x_g = m.m10 / m.m00;
8   double y_g = m.m01 / m.m00;
9   cout << x_g << " " << y_g << endl;
10  // 主軸の角度
11  double ang = 0.5 * atan2(2.0 * m.mu11, m.mu20 - m.mu02);
12  cout << ang * 180.0 / M_PI << endl;
```

　入力画像 img_src は 2 値画像とする．関数 moments を用いることで各種モーメントを一括で求めることができる．関数 moments の引数は 2 つで，

- 第 1 引数：入力画像
- 第 2 引数：true の場合，画素値が 0 でないピクセルをすべて 1 として扱う

である．

OpenCV と Python

```
1   m = cv2.moments(img_src)
2   # 面積
3   area = m['m00']
4   print(area)
5   # 重心
6   x_g = m['m10'] / m['m00']
7   y_g = m['m01'] / m['m00']
8   print(x_g, y_g)
9   # 主軸の角度
10  ang = 0.5 * math.atan2(2.0 * m['mu11'], m['mu20'] - m['mu02'])
11  print(ang * 180.0 / math.pi)
```

図 8.17 では結果が分かりやすいように外接長方形と主軸を描画している.

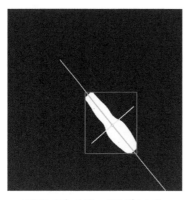
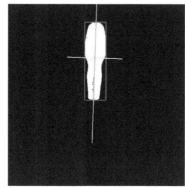

画像サイズ	640 × 640 ピクセル	画像サイズ	640 × 640 ピクセル
重心位置	(387, 409)	重心位置	(314, 189)
主軸角度	49.9［deg］	主軸角度	− 88.1［deg］

図 8.17 重心と主軸角度の処理例

 主軸の考え方

主軸の考え方は物理学や統計学の概念からきており,

・面積は 0 次モーメント

・x_g, y_g はそれぞれ x, y 軸方向の 1 次モーメント

・x_d, y_d, x_{yd} はまとめて重心 2 次モーメント,または x_d, y_d は x, y 軸方向の分散,x_{yd} は x, y 軸方向の共分散

とも呼ばれる.

8.6 ラベリング処理

8.6.1 ラベリング処理とは

　2 値画像内に複数のブロブが存在する場合に,各ブロブに一意の識別子（番号）を付けて識別する処理を**ラベリング**（labeling）と呼ぶ.ラベリングすることにより,それぞれのブロブを抽出して個別に扱えるようになり,抽出された各ブロブに対して,前述したような形状特徴パラメータを求めて,より高度な処理を行うことが可能になる.

ラベリングのアルゴリズムはいろいろと提案されているが，ここでは 4 近傍連結 2 回走査のアルゴリズムについて述べる．アルゴリズムは以下の通りである．

step 1　左上画像から走査し，白画素を探索する．

step 2　注目画素の 4 近傍（上 3 画素と左 1 画素）の画素値を調べ，すべて黒画素の場合，注目画素に新しいラベルを付ける．白画素があり，それらがすべて同じラベルであれば注目画素にもそのラベルを付ける．同じラベルでない場合は最小のラベル値を注目画素に付けて，これらのラベルが同じ連結成分であることを記憶しておく．

step 3　最後まで走査が終わったら，すべての画素を走査して連結成分を同一ラベル化する．

図 8.18 は，6×6 ピクセルの画像に対してラベリング処理を行った例である．

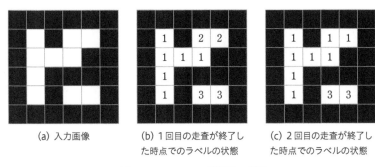

(a) 入力画像　　(b) 1 回目の走査が終了した時点でのラベルの状態　　(c) 2 回目の走査が終了した時点でのラベルの状態

図 8.18　ラベリング処理の手順

8.6.2　プログラム例：ラベリング

プログラム例を以下に示す．

■ C 言語

```
 1  int nlabel = 0; // ラベルの数
 2  int w = img_src.width;
 3  int h = img_src.height;
 4  const int TABLESIZE = 1024; // 1 回目の走査で蓄えるラベルの最大数
 5  static int table[TABLESIZE];// ラベルの対応表
 6  table[0] = 0;
 7
 8  // 1 回目の走査
 9  // 結果は label[][] に入れる
10  for(int y = 0; y < h; y++) {
11    for(int x = 0; x < w; x++) {
12      // 注目画素が黒の場合
13      if(img_src[y * w + x] == 0) {
14        label[y * w + x] = 0;
15      }
16      // 注目画素が白の場合
```

```
17      else {
18          // 上3画素と左1画素をチェック
19          const int N = 4;
20          const int dx[N] = {-1, 0, 1, -1}, dy[N] = {-1, -1, -1, 0};
21          int list[N];
22          int count = 0;
23          for(int k = 0; k < N; k++) {
24              int xdx = x + dx[k], ydy = x + dy[k];
25              if(xdx >= 0 && ydy >= 0 && xdx < h && ydy < w && label[xdx * w + ydy] != 0) {
26                  list[count] = table[label[xdx * w + ydy]];
27                  count++;
28              }
29          }
30
31          if(count == 0) {
32              // 4画素のいずれにもラベルがなかった場合
33              if(nlabel < TABLESIZE - 1) {
34                  nlabel++;
35                  label[y * w + x] = nlabel;
36                  table[nlabel] = nlabel;
37              }
38          }
39          else {
40              // list[] をソート
41              // sort(list, list + count);
42              qsort(list, count, sizeof(int), compare_int);
43
44              // list[] から重複を省いたものを list2[] へ
45              int list2[N];
46              int uniq = 1;
47              list2[0] = list[0];
48              for(int k = 1; k < count; k++) {
49                  if(list[k] != list2[uniq - 1]) {
50                      list2[uniq] = list[k];
51                      uniq++;
52                  }
53              }
54              // 4画素のうち最小ラベル値をセット
55              label[y * w + x] = list2[0];
56              // ラベル値が2以上の場合に以下を実行
57              for(int k = 1; k < uniq; k++) {
58                  table[list2[k]] = list2[0];
59              }
60          }
61      }
62  }
63 }
64
65 // 連結しているラベルを統合し，ラベル値の中抜けがないように変換表を作る
66 static unsigned char table2[TABLESIZE];
```

```
67  int k2 = 0;
68  for(int k = 0; k <= nlabel; k++) {
69    if(table[k] == k) {
70      // ラベル値の対応が一致している場合：中抜けのない新たな対応表に追加
71      if(k2 <= MAXVALUE) {
72        table2[k] = k2;
73        k2++;
74      } else {
75        // MAXVALUE より大きなラベル値は捨てる
76        table2[k] = 0;
77      }
78    } else {
79      // ラベル値の対応が一致していない場合：対応するラベル値を探す
80      int kk = k;
81      do {
82        kk = table[kk];
83      } while (table[kk] != kk);
84      table[k] = kk;
85    }
86  }
87
88  // 2 回目の走査
89  for(int y = 0; y < h; y++) {
90    for(int x = 0; x < w; x++) {
91      img_dst[y * w + x] = table2[table[label[y * w + x]]];
92    }
93  }
```

▌ OpenCV と C++ 言語

```
1  Mat img_lab;
2  int nlabel = connectedComponents(img_src, img_lab); // ラベリング
3  compare(img_lab, 1, img_dst, CMP_EQ); // ラベル 1 を抜き出し
```

ここでの入力画像 img_src は 2 値画像とする．関数 connectedComponents はラベリング処理を行う関数で，

- 第 1 引数：入力画像
- 第 2 引数：出力画像

を指定する．入力画像に存在する各ブロブに 1 から順に識別番号が付き，第 2 引数で指定した変数に保存される．また，戻り値にはラベル数 +1 が返される．

関数 compare は，指定した数値との比較処理を行う関数で，

- 第 1 引数：入力画像
- 第 2 引数：比較する値
- 第 3 引数：出力画像
- 第 4 引数：比較方法（CMP_EQ, CMP_GT, CMP_GE, CMP_LT, CMP_LE, CMP_NE）

を指定する．第 4 引数に `CMP_EQ` を指定すれば，第 2 引数と同値の画素が 2 値画像として出力画像に出力される．

▌ OpenCV と Python

入力画像 `img_src` は 2 値画像とする．

```
1  nlabel, img_lab = cv2.connectedComponents(img_src) # ラベリング
2  img_dst = cv2.compare(img_lab, 1, cv2.CMP_EQ) # ラベル 1 を抜き出し
```

▶ 処理結果

入力画像（図 8.19 (a)）にラベリング処理を行い，ラベル番号 1 のみを抽出した結果が図 8.19 (b)である．

(a) 入力画像 (b) ラベル番号 1 を抽出

図 8.19　ラベリング処理例

練習問題 8.2

☐ **1.** 特定のラベル番号のブロブのみ抽出せよ．

☐ **2.** 面積が最小または最大のブロブを抽出せよ．

☐ **3.** ある程度の面積以上のブロブのみ抽出せよ（ノイズ処理）．

☐ **4.** 面積が最大のブロブの重心と主軸の角度を求めよ．

☐ **5.** 重心が画像中央に最も近いブロブを抽出せよ．

☐ **6.** ラベリング結果をその他の形状特徴と組み合わせて，特定のブロブを抽出せよ．

Chapter 9

複数画像の利用

画像を複数枚利用することにより，画像に対して特殊効果を施したり，画像から特定の領域を切り出すといった処理が可能になる．本章では，これらの手法に関して，2枚またはそれ以上の入力画像を用いる処理について解説する．

9.1 画像間演算

2枚またはそれ以上の画像を入力して，それぞれの画像の同じ位置にある画素ごとに，ある決められた演算を行い，出力値を決定する処理を **画像間演算**（inter-image operation）という．この演算としては，四則演算などの算術演算や，論理積，論理和などの論理演算などが用いられる．

9.1.1 アルファブレンディング

画像間演算の例として，2つの画素値の平均値を計算して出力することを考える．2枚の入力画像中の対応する画素値を $I_1(x, y)$，$I_2(x, y)$ と表して，式(9.1)で示した画像間演算を行えば，2つの画素

図 9.1 平均値画像の生成例

値の平均値が出力画像の画素値 $I_G(x, y)$ となる．平均値画像の生成例を図 9.1 に示す．

$$I_G(x, y) = \frac{I_1(x, y) + I_2(x, y)}{2} \tag{9.1}$$

単なる平均値を計算するのではなく，式(9.2)で表すような重み付き平均値を計算する画像間演算は，一般的に**アルファブレンディング**（alpha blending）と呼ばれる．

$$I_G(x, y) = \alpha \cdot I_1(x, y) + (1 - \alpha) \cdot I_2(x, y) \tag{9.2}$$

$\alpha(0 \le \alpha \le 1)$ が重みを表す．α の値を画素ごとに変化させることによって，さまざまな効果を生成できる．α の値を画素位置によって変化させた例を図 9.2 に示す．α の値を時間的に変化させると，ある画像から別の画像に変化するディゾルブやオーバーラップと呼ばれる効果を生成できる．

図 9.2 アルファブレンディングによる画像の生成例

9.1.2 プログラム例：平均値画像の生成

平均値画像を生成するプログラム例を以下に示す．

C 言語

```
1  // img_src1    入力画像 1
2  // img_src2    入力画像 2
3  for(int y = 0; y < height; y++) {
4    for(int x = 0; x < width; x++) {
5      img_dst[y * width + x] = (img_src1[y * width + x] + img_src2[y * width + x]) / 2;
```

```
6    }
7  }
```

■ OpenCV と C++ 言語

```
1  // img_src1    入力画像 1
2  // img_src2    入力画像 2
3  addWeighted(img_src1, 0.5, img_src2, 0.5, 0.0, img_dst);
```

関数 addWeighted はアルファブレンディングを行う．関数 addWeighted では，

- 第 1 引数：入力画像 1
- 第 2 引数：入力画像 1 に対する重み
- 第 3 引数：入力画像 2
- 第 4 引数：入力画像 2 に対する重み
- 第 5 引数：オフセット値
- 第 6 引数：出力画像

を指定する．

■ OpenCV と Python

```
1  # img_src1    入力画像 1
2  # img_src2    入力画像 2
3  img_dst = cv2.addWeighted(img_src1, 0.5, img_src2, 0.5, 0.0)
```

9.2 マスク合成

9.2.1 マスク合成の手順

8.2 節で説明したように，2 枚の画像を合成して 1 枚の画像を生成するために，1 枚目の画像の特定の部分のみを表示して，その他の部分を表示しないようにする処理のことを**マスク処理**という．また，画像内の特定の部分を指定するために，画素ごとに，0 で指定した画像のことを**マスク画像**という．マスク画像に基づいて，入力画像 2 枚を画像間演算処理して，出力画像を生成する処理を**マスク合成**（mask operation）という（**図 9.3**）．

　マスク合成としてよく知られているものに，**クロマキー合成**という方法がある．クロマキー合成とは，画像内の各画素の色情報をもとにして，前景・背景の領域を切り分ける処理方法である．クロマキー合成によりマスク画像を生成する際には，なるべく単色で，かつ，その色が前景（切り出したい対象）の中に現れないような色を背景色として，入力画像を生成しておく必要がある．

　クロマキー合成のよく知られた例を挙げると，テレビ放送で，天気図と解説者の姿を合成する場合

（a）入力画像 1　　　　　　　　　　（b）マスク画像

（c）入力画像 2　　　　　　　　　　（d）反転したマスク画像

（e）入力画像 1 とマスク画像の論理積　　（f）入力画像 2 と反転したマスク画像の
　　　（切り出し画像 1）　　　　　　　　論理積（切り出し画像 2）

（g）合成画像（2 つの論理積画像の論理和）

図 9.3　マスク合成の手順

に用いられている．ただし，テレビ放送でのクロマキー合成は，マスク画像は生成せずに，背景の青（緑）映像をもとにキー信号を生成して，画像信号をスイッチングすることによりリアルタイムに画像合成している．

クロマキー合成

クロマキー合成（chroma keying）をする際の背景色には，切り出し対象物の反対色（補色）を設定することが望ましい．日本人の肌色はおおよそ黄色から橙色であるため，その補色である青色の背景（ブルーバック）が使われてきた（図 9.4）．しかし，近年では，緑色の背景（グリーンバック）が使われることが多くなっている．その理由は各自で調べてほしい．NHK 大阪放送局 BK プラザ（大阪市中央区）には，クロマキー合成が体験できる大型の施設がある（図 9.5）．

図 9.4 HSV 色空間

図 9.5 なりきりスタジオ

9.2.2 プログラム例：マスク合成

マスク合成のプログラム例を以下に示す．ここでは，入力画像，出力画像，マスク画像はカラー画像とする．

C 言語

```
1  // img_src1   入力画像 1
2  // img_src2   入力画像 2
3  // img_s1m    入力画像 1 とマスク画像の論理積（切り出し画像 1）
4  // img_s2m    入力画像 2 と反転したマスク画像の論理積（切り出し画像 2）
5  // img_dst    合成画像
```

```
 6
 7   // 入力画像 1 を濃淡画像に変換
 8   // 変換する関数：img_dst = Color2Gray(img_src)
 9   img_g1 = Color2Gray(img_src1);
10
11   // マスク画像生成のために入力画像 1 の濃淡画像を 2 値化
12   // 2 値化する関数：img_dst = Binarize(threshold, img_src)
13   img_mskg = Binarize(200, img_g1);
14
15   // マスク画像（濃淡）をマスク画像（カラー）に変換
16   // 変換する関数：img_dst = Gray2Color(img_src)
17   img_msk = Gray2Color(img_mskg);
18
19   // 入力画像 1 とマスク画像の論理積を計算して
20   // 入力画像 1 からマスク画像の部分だけを切り出す
21   // 論理積を計算する関数：img_dst = And(img_src_1, img_src_2)
22   img_s1m = And(img_src1, img_msk);
23
24   // 反転したマスク画像生成のために，マスク画像の否定（反転）を計算する
25   // 否定（反転）を計算する関数：img_dst = Not(img_src)
26   img_mskn = Not(img_msk);
27
28   // 入力画像 2 と反転マスク画像の論理積を計算して
29   // 入力画像 2 からマスク画像の反転部分だけを切り出す
30   img_s2m = And(img_src2, img_mskn);
31
32   // 切り出し画像 1 と切り出し画像 2 を合成するために，2 つの画像の論理和を計算する
33   // 論理和を計算する関数：img_dst = Or(img_src_1, img_src_2)
34   img_dst = Or(img_s1m, img_s2m);
```

OpenCV と C++ 言語

```
 1   // img_src1   入力画像 1
 2   // img_src2   入力画像 2
 3   // img_dst    合成画像
 4
 5   // 入力画像 1 を濃淡画像に変換
 6   cvtColor(img_src1, img_g1, COLOR_BGR2GRAY);
 7   // マスク画像生成のための 2 値化
 8   threshold(img_g1, img_mskg, 200, 255, THRESH_BINARY_INV);
 9   // マスク画像（カラー）生成
10   vector<Mat> channels;
11   channels.push_back(img_mskg);
12   channels.push_back(img_mskg);
13   channels.push_back(img_mskg);
14   merge(channels, img_msk);
15   // 入力画像 1 からマスク画像の部分だけを切り出す（切り出し画像 1 の生成）
16   bitwise_and(img_src1, img_msk, img_s1m);
17   // マスク画像の反転
```

```
18   bitwise_not(img_msk, img_mskn);
19   // 入力画像2からマスク画像の反転部分だけを切り出す(切り出し画像2の生成)
20   bitwise_and(img_src2, img_mskn, img_s2m);
21   // 切り出し画像1と切り出し画像2を合成
22   bitwise_or(img_s1m, img_s2m, img_dst);
```

関数 bitwise_and は,各要素の bit ごとの論理積を求める.関数 bitwise_and は,

- 第1引数:入力画像1
- 第2引数:入力画像2
- 第3引数:出力画像

を指定する.

関数 bitwise_not は,入力配列の各要素の各 bit を反転する.関数 bitwise_not は,

- 第1引数:入力画像
- 第2引数:出力画像

を指定する.

関数 bitwise_or は,各要素の bit ごとの論理和を求める.関数 bitwise_or は,

- 第1引数:入力画像1
- 第2引数:入力画像2
- 第3引数:出力画像

を指定する.

OpenCV と Python

```python
 1   # img_src1   入力画像1
 2   # img_src2   入力画像2
 3   # img_dst    合成画像
 4
 5   # 入力画像1を濃淡画像に変換
 6   img_g1 = cv2.cvtColor(img_src1, cv2.COLOR_BGR2GRAY)
 7   # マスク画像生成のための2値化
 8   img_mskg = cv2.threshold(img_g1, 200, 255, cv2.THRESH_BINARY_INV)[1]
 9   # マスク画像(カラー)生成
10   img_msk = cv2.merge((img_mskg, img_mskg, img_mskg))
11   # 入力画像1からマスク画像の部分だけを切り出す(切り出し画像1)
12   img_s1m = cv2.bitwise_and(img_src1, img_msk)
13   # マスク画像の反転
14   img_mskn = cv2.bitwise_not(img_msk)
15   # 入力画像2からマスク画像の反転部分だけを切り出す(切り出し画像2)
16   img_s2m = cv2.bitwise_and(img_src2, img_mskn)
17   # 切り出し画像1と切り出し画像2を合成
18   img_dst = cv2.bitwise_or(img_s1m, img_s2m)
```

9.3.1 背景差分の手順

　異なる2つの時刻において撮影された2枚の画像の差を観察すれば，画像内で発生している変化情報を得ることができる．

　移動物体がない状態の画像を固定カメラで背景画像として取り込み，移動物体が入った画像と背景画像から差分画像を生成すると，差分画像内では，移動物体の領域が0以外の画像値を持つ．ここで，差分画像とは，2枚の画像において同じ位置にある画素の画素値の差の絶対値を計算する画像間演算を行って得られる出力画像のことである．次に，この差分画像に対して閾値処理を行って，2値画像を得る．この2値画像には，小さな穴や連結成分が含まれているために，この2値画像に膨張・収縮処理を施し，これらを取り除き，移動物体領域の画像を得る．最終的に，この2値画像をマスク画像として，移動物体が入った画像から移動物体領域だけが切り出された画像を得ることができる．このような処理を**背景差分**（background subtraction）という（図9.6）．背景差分を行った例を図9.7に示す．

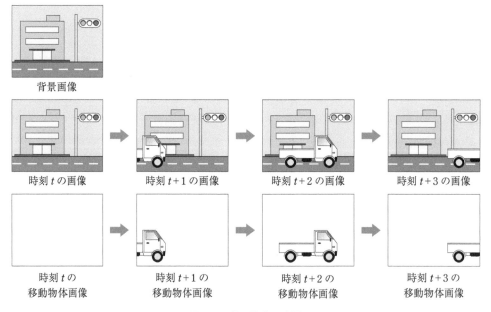

図 9.6 背景差分の手順

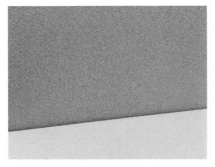

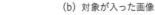

(a) 背景画像 　　　　　　　　　　　(b) 対象が入った画像

(c) 2値化した差分画像 　　　　　(d) 対象だけを切り出した画像

図 9.7 背景差分の例

9.3.2 プログラム例：背景差分

背景差分のプログラム例を以下に示す.

▌**C 言語**

入力画像，出力画像は濃淡画像とする.

```
 1  // img_src   前景画像
 2  // img_bkg   背景画像
 3  // img_dif   差分画像
 4  // img_msk   2値化した差分画像
 5  // img_dst   切り出した画像
 6  // 前景画像と背景画像との差の絶対値を求める
 7  // 差の絶対値を求める関数 : img_dst = AbsDiff(img_src_1, img_src_2)
 8  img_dif = AbsDiff(img_src, img_bkg);
 9
10  // 変化した部分を切り出す画像を生成するために，差分画像を2値化する
11  // 2値化する関数 : img_dst = Binarize(threshold, img_src)
12  img_msk = Binarize(120, img_dif);
13
14  // 変化した部分を切り出すために前景画像とマスク画像の論理積を計算する
```

```
15   // 論理積を計算する関数 : img_dst = And(img_src_1, img_src_2)
16   img_dst = And(img_src, img_msk);
```

OpenCV と C++ 言語

入力画像，出力画像は濃淡画像とする．

```
1    // img_src    前景画像
2    // img_bkg    背景画像
3    // img_dst    切り出した画像
4    // 背景画像との差分画像を計算
5    absdiff(img_src, img_bkg, img_df);
6    // 差分画像の2値化
7    threshold(img_df, img_m, 120, 255, THRESH_BINARY);
8    // 膨張・収縮してマスク画像を生成
9    dilate(img_m, img_md, Mat(), Point(-1, -1), 4);
10   erode(img_md, img_msk, Mat(), Point(-1, -1), 4);
11   // マスク画像を使って前景画像から対象を切り出す
12   bitwise_and(img_src, img_msk, img_dst);
```

関数 absdiff は，2つの配列の差の絶対値を求める．関数 absdiff では，

- 第1引数：入力配列1
- 第2引数：入力配列2
- 第3引数：出力配列

を指定する．

OpenCV と Python

入力画像，出力画像は濃淡画像とする．

```
1    # img_src    前景画像
2    # img_bkg    背景画像
3    # img_dst    切り出した画像
4    # 背景画像との差分画像を計算
5    img_df = cv2.absdiff(img_src, img_bkg)
6    # 差分画像の2値化
7    img_m = cv2.threshold(img_df, 120, 255, cv2.THRESH_BINARY)[1]
8    # 膨張・収縮してマスク画像を生成
9    op = np.ones((3, 3)).astype(np.uint8)
10   img_md = cv2.dilate(img_m, op, iterations = 4)
11   img_msk = cv2.erode(img_md, op, iterations = 4)
12   # マスク画像を使って対象を切り出す
13   img_dst = cv2.bitwise_and(img_src, img_msk)
```

9.4 ▸ フレーム間差分

9.4.1 フレーム間差分の手順

　移動物体がない理想的な背景画像を得られないことがよくある．このような場合には，移動物体を異なる 3 つの時刻において撮影した 3 枚の画像を用いて，移動物体領域を取り出すことができる．このような処理のことを**フレーム間差分**（frame subtraction）という．フレーム間差分は，3 枚の画像における背景に変化がないことを前提とする．

　異なる 3 つの時刻において撮影された 3 枚の画像をそれぞれ，画像 A（時刻 t），画像 B（時刻 $t+1$），画像 C（時刻 $t+2$）とする．画像 A と画像 B，画像 B と画像 C の差分画像を生成して，閾値処理を行って，2 枚の 2 値画像 AB，BC を得る．このようにして得られた 2 値画像 AB，BC の論理演算（AND 演算）を行い，これら 2 枚の画像の共通領域を抽出することで，時刻 $t+1$ における移動物体の領域を得ることができる（**図 9.8**）．フレーム間差分を行った例を**図 9.9** に示す．

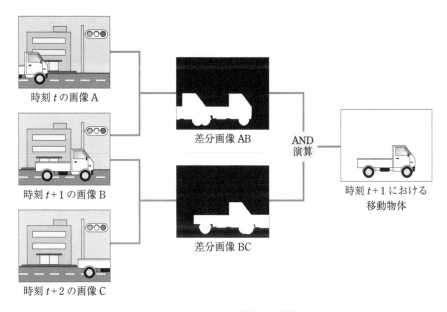

時刻 t の画像 A

時刻 $t+1$ の画像 B

時刻 $t+2$ の画像 C

差分画像 AB

差分画像 BC

AND 演算

時刻 $t+1$ における移動物体

図 9.8　フレーム間差分の手順

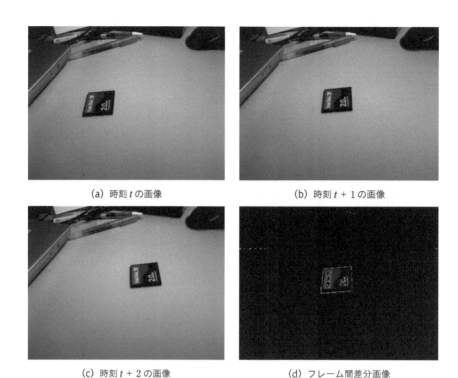

(a) 時刻 t の画像

(b) 時刻 $t+1$ の画像

(c) 時刻 $t+2$ の画像

(d) フレーム間差分画像

図 9.9 フレーム間差分の例

9.4.2 プログラム例：フレーム間差分

フレーム間差分処理のプログラム例を以下に示す.

C 言語

入力画像，出力画像は濃淡画像とする.

```
1  // img_src1   画像 A（時刻 t に取得した画像）
2  // img_src2   画像 B（時刻 t+1 に取得した画像）
3  // img_src3   画像 C（時刻 t+2 に取得した画像）
4  // img_df1    差分画像 1
5  // img_df2    差分画像 2
6  // img_df1b   2 値化された差分画像 1
7  // img_df2b   2 値化された差分画像 2
8  // img_msk    マスク画像
9  // img_dst    出力画像
10
11 // 画像 A と B の差の絶対値を求める
12 img_df1 = AbsDiff(img_src1, img_src2);
13 // 画像 B と C の差の絶対値を求める
14 img_df2 = AbsDiff(img_src2, img_src3);
```

```
15  // それぞれの差分画像を 2 値化する
16  img_df1b = Binarize(20, img_df1);
17  img_df2b = Binarize(20, img_df2);
18  // 2 値化された差分画像の共通部分を取得するために
19  // それら 2 枚の画像の論理積を計算してマスク画像とする
20  img_msk = And(img_df1b, img_df2b);
21  // 移動領域を切り出すために，マスク画像で表された領域を画像 B から切り出す
22  // 画像 (img_src) からマスク画像 (img_msk) で表された領域を切り出す関数：
23  // img_dst = Extract(img_src, img_msk)
24  img_dst = Extract(img_src2, img_msk);
```

OpenCV と C++ 言語

入力画像，出力画像は濃淡画像とする．

```
1   // img_src1  画像 A( 時刻 t に取得 )
2   // img_src2  画像 B( 時刻 t+1 に取得 )
3   // img_src3  画像 C( 時刻 t+2 に取得 )
4   // img_dst   出力画像
5
6   // 画像 A と B の差分画像を計算
7   absdiff(img_src1, img_src2, img_df1);
8   // 画像 B と C の差分画像を計算
9   absdiff(img_src2, img_src3, img_df2);
10  // それぞれの差分画像を 2 値化
11  threshold(img_df1, img_df1b, 30, 255, THRESH_BINARY);
12  threshold(img_df2, img_df2b, 30, 255, THRESH_BINARY);
13  // 2 値化された差分画像の共通部分を取得
14  bitwise_and(img_df1b, img_df2b, img_m);
15  // 膨張・収縮してマスク画像を生成
16  dilate(img_m, img_md, Mat(), Point(-1, -1), 3);
17  erode(img_md, img_msk, Mat(), Point(-1, -1), 3);
18  // マスク画像を使って画像 B から対象を切り出す
19  bitwise_and(img_src2, img_msk, img_dst);
```

OpenCV と Python

入力画像，出力画像は濃淡画像とする．

```
1   # img_src1  画像 A( 時刻 t に取得 )
2   # img_src2  画像 B( 時刻 t+1 に取得 )
3   # img_src3  画像 C( 時刻 t+2 に取得 )
4   # 画像 A と B の差分画像を計算
5   img_df1 = cv2.absdiff(img_src1, img_src2)
6   # 画像 B と C の差分画像を計算
7   img_df2 = cv2.absdiff(img_src2, img_src3)
8   # それぞれの差分画像を 2 値化
9   img_df1b = cv2.threshold(img_df1, 20, 255, cv2.THRESH_BINARY)[1]
```

```
10   img_df2b = cv2.threshold(img_df2, 20, 255, cv2.THRESH_BINARY)[1]
11   # 2値化された差分画像の共通部分を取得
12   img_m = cv2.bitwise_and(img_df1b, img_df2b)
13   # 膨張・収縮してマスク画像を生成
14   op = np.ones((3, 3)).astype(np.uint8)
15   img_md = cv2.dilate(img_m, op, iterations = 3)
16   img_msk = cv2.erode(img_md, op, iterations = 3)
17   # マスク画像を使って画像Bから対象を切り出す
18   img_dst = cv2.bitwise_and(img_src2, img_msk)
```

練習問題 9.1

□ **1.** 2枚の画像のAND演算を行うプログラムを作成せよ.

□ **2.** 2枚の画像の乗算演算を行うプログラムを作成せよ.

□ **3.** クロマキー合成のような処理をするプログラムを作成せよ. 具体的には, 1枚目の画像のある領域のマスク画像を生成して, 1枚目の画像のある領域を2枚目の画像中に貼りこんだ出力画像を生成するプログラムを作成せよ.

□ **4.** 背景画像1枚と移動物体が写った3枚の入力画像を利用して, 背景画像中に移動物体が連続して表示された出力画像を生成するプログラムを作成せよ.

幾何学変換

本章では，画素の座標値のみを決められたルールにしたがって変換する幾何学変換について解説する．はじめに 2 × 2 の行列を用いて表現できる線形変換を解説し，続いてデジタル画像を変換する際に必ず考慮すべき再標本化と補間法について解説する．最後に，同次座標系を導入して，線形変換と平行移動を組み合わせたアフィン変換や，遠近感を表現できるような射影変換についても解説する．

これまで学んできたように画像は画素の集合で表され，各画素は正の整数で表される座標値と画素値を持つ．画像の各画素が持つ座標値 (x, y) を（4.3 節の説明の通り，**画像座標は原点を左上とし，原点から右向きを x 軸の正方向，原点から下向きを y 軸の正方向とすることに注意する**），決められた変換ルールによって新しい座標値 (x', y') へと移動させることで，その画像を拡大・縮小，回転，並進など幾何学的に変換できる．数学的には，単に座標値の変換のみを考えればよいが，デジタル画像においては，変換後の座標値が正の整数とならない場合の処理や，元の画像から変換されてこない画素の画素値をどのように決定すべきかまで考慮する必要がある．

10.1 線形変換

平面上の点 $\begin{pmatrix} x \\ y \end{pmatrix}$ を $\begin{pmatrix} x' \\ y' \end{pmatrix}$ に移す変換のうち，

$$\begin{cases} x' = ax + by \\ y' = cx + dy \end{cases} (a, b, c, d \text{ は実数}) \tag{10.1}$$

のように，x', y' が x, y の定数項なしの 1 次式で表されるものを**線形変換**（linear transformation）という．

$\mathbf{x}' = \begin{pmatrix} x' \\ y' \end{pmatrix}$, $\mathbf{A} = \begin{pmatrix} a & b \\ c & d \end{pmatrix}$, $\mathbf{x} = \begin{pmatrix} x \\ y \end{pmatrix}$ とおくと，

$$\begin{pmatrix} x' \\ y' \end{pmatrix} = \begin{pmatrix} a & b \\ c & d \end{pmatrix} \begin{pmatrix} x \\ y \end{pmatrix} \quad \Leftrightarrow \quad \mathbf{x}' = \mathbf{A}\mathbf{x} \tag{10.2}$$

と表現できる．この 2 × 2 の行列 $\mathbf{A}$ を**変換行列**（translation matrix）と呼び，変換行列の 4 つの値を適当に設定することで，いろいろな線形変換が実現できる．以下に特別な意味を持つ変換行列を紹介するとともに，**図 10.1** を入力画像として，それぞれの線形変換を行った結果も例示する．変換例では，画素値が計算不能な画素には 0 を画素値として与えている．

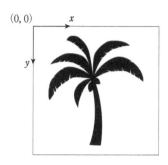

図 10.1 入力画像

10.1.1 拡大・縮小

拡大・縮小変換（scaling）は，x 軸方向，y 軸方向それぞれに原点からの距離を s_x, s_y 倍する．s_x, s_y が 1 より大きいときは拡大（**図 10.2**），小さいときは縮小（**図 10.3**）となる．s_x と s_y を違う値にすることで，一方向のみに拡大・縮小をすることも可能となる（**図 10.4**）．

$$\begin{pmatrix} x' \\ y' \end{pmatrix} = \begin{pmatrix} s_x & 0 \\ 0 & s_y \end{pmatrix} \begin{pmatrix} x \\ y \end{pmatrix}$$

$$\mathbf{A} = \begin{pmatrix} s_x & 0 \\ 0 & s_y \end{pmatrix}$$

(10.3)

図 10.2 拡大
$$\mathbf{A} = \begin{pmatrix} 2.0 & 0 \\ 0 & 2.0 \end{pmatrix}$$

図 10.3 縮小
$$\mathbf{A} = \begin{pmatrix} 0.5 & 0 \\ 0 & 0.5 \end{pmatrix}$$

図 10.4 x 軸方向のみ縮小
$$\mathbf{A} = \begin{pmatrix} 0.5 & 0 \\ 0 & 1.0 \end{pmatrix}$$

10.1.2 回転

回転変換（rotation）は，原点を回転中心として，時計回り（正方向）に $\theta[\mathrm{deg}]$ だけ回転する（**図 10.5**）．

図 10.5 回転

$$\mathbf{A} = \begin{pmatrix} \cos 30° & -\sin 30° \\ \sin 30° & \cos 30° \end{pmatrix}$$

$$\begin{pmatrix} x' \\ y' \end{pmatrix} = \begin{pmatrix} \cos\theta & -\sin\theta \\ \sin\theta & \cos\theta \end{pmatrix} \begin{pmatrix} x \\ y \end{pmatrix}$$

$$\mathbf{A} = \begin{pmatrix} \cos\theta & -\sin\theta \\ \sin\theta & \cos\theta \end{pmatrix} \tag{10.4}$$

10.1.3 鏡映変換（線対称移動）

鏡映変換（flipping, mirroring）はある軸に対して線対称となるように，座標を変換する．

▶ **y 軸に対する鏡映変換**（horizontal flip）

$$\begin{pmatrix} x' \\ y' \end{pmatrix} = \begin{pmatrix} -1 & 0 \\ 0 & 1 \end{pmatrix} \begin{pmatrix} x \\ y \end{pmatrix}$$

$$\mathbf{A} = \begin{pmatrix} -1 & 0 \\ 0 & 1 \end{pmatrix} \tag{10.5}$$

図 10.6 は，画像中心を通る垂直軸に対して鏡映変換を施した結果である．式(10.5)により座標値を変換した後，画像幅だけ x 軸正方向へ平行移動（10.3 節で説明）することで，**図 10.6** の変換画像が得られる．

▶ **x 軸に対する鏡映変換**（vertical flip）

$$\begin{pmatrix} x' \\ y' \end{pmatrix} = \begin{pmatrix} 1 & 0 \\ 0 & -1 \end{pmatrix} \begin{pmatrix} x \\ y \end{pmatrix}$$

$$\mathbf{A} = \begin{pmatrix} 1 & 0 \\ 0 & -1 \end{pmatrix} \tag{10.6}$$

図 10.7 は，画像中心を通る水平軸に対して鏡映変換を施した結果である．式(10.6)により座標値を変換した後，画像高さだけ y 軸正方向へ平行移動することで，**図 10.7** の変換画像が得られる．

図 10.6 画像中心を通る垂直軸に
対する鏡映変換

$$\mathbf{A} = \begin{pmatrix} -1 & 0 \\ 0 & 1 \end{pmatrix}$$

図 10.7 画像中心を通る水平軸
に対する鏡映変換

$$\mathbf{A} = \begin{pmatrix} 1 & 0 \\ 0 & -1 \end{pmatrix}$$

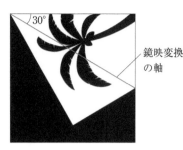

図 10.8 直線 $\begin{pmatrix} x' \\ y' \end{pmatrix} = t \begin{pmatrix} \cos 30° \\ \sin 30° \end{pmatrix}$
に対する鏡映変換結果

$$\mathbf{A} = \begin{pmatrix} \cos 60° & \sin 60° \\ \sin 60° & -\cos 60° \end{pmatrix}$$

▶**直線** $\begin{pmatrix} x' \\ y' \end{pmatrix} = t \begin{pmatrix} \cos \theta \\ \sin \theta \end{pmatrix}$ （t **は任意の実数**）（**原点を通り** y **軸正方向に傾き** θ **となるような直線**）
に対する鏡映変換

$$\begin{pmatrix} x' \\ y' \end{pmatrix} = \begin{pmatrix} \cos 2\theta & \sin 2\theta \\ \sin 2\theta & -\cos 2\theta \end{pmatrix} \begin{pmatrix} x \\ y \end{pmatrix}$$

$$\mathbf{A} = \begin{pmatrix} \cos 2\theta & \sin 2\theta \\ \sin 2\theta & -\cos 2\theta \end{pmatrix} \tag{10.7}$$

図 10.8 は，$\theta = 30[\mathrm{deg}]$ の直線に対して鏡映変換を施した結果である．

10.1.4 せん断変形

せん断変形（skew）は，長方形であった画像を平行四辺形状に変形させる（歪ませる）処理である．

▶x **軸方向に** $\theta[\mathrm{deg}]$ **だけ画像を歪ませる**（**図 10.9**）．

$$\begin{pmatrix} x' \\ y' \end{pmatrix} = \begin{pmatrix} 1 & \tan \theta \\ 0 & 1 \end{pmatrix} \begin{pmatrix} x \\ y \end{pmatrix}$$

$$\mathbf{A} = \begin{pmatrix} 1 & \tan \theta \\ 0 & 1 \end{pmatrix} \tag{10.8}$$

▶y **軸方向に** $\varphi[\mathrm{deg}]$ **だけ画像を歪ませる**（**図 10.10**）．

$$\begin{pmatrix} x' \\ y' \end{pmatrix} = \begin{pmatrix} 1 & 0 \\ \tan \varphi & 1 \end{pmatrix} \begin{pmatrix} x \\ y \end{pmatrix}$$

$$\mathbf{A} = \begin{pmatrix} 1 & 0 \\ \tan \varphi & 1 \end{pmatrix} \tag{10.9}$$

図 10.9 x 軸方向へのせん断変形
$$A = \begin{pmatrix} 1 & \tan 30° \\ 0 & 1 \end{pmatrix}$$

図 10.10 y 軸方向へのせん断変形
$$A = \begin{pmatrix} 1 & 0 \\ \tan 30° & 1 \end{pmatrix}$$

10.2 画像の再標本化と補間

10.1 節ではいろいろな線形変換を紹介した．この線形変換を実際にデジタル画像に対して実行することを考えてみる．デジタル画像の各画素は，x 軸，y 軸それぞれ正の整数で表される座標値を持っている．入力画像の各画素の座標値を線形変換すると，変換後の座標値が正の整数とならず，画素同士の一対一変換にならない場合がある．これにより，画素値を与えられない画素が出てくる．図 10.11 (a) の入力画像（●で示された各ピクセルの中心座標が正の整数となっており，ピクセルの画素値は中心座標が持っていると考えて説明する）を縦横とも 2 倍に拡大した (b) では，すき間の画素（たとえばグレーに塗った $(0, 1)$）には画素値が与えられない．また，原点中心に回転した (c) では，原点以外は変換後の座標値が正の整数とならず，さらにグレーのピクセル $(1, 0)$ では，2 つの画素候補が存在するため，入力画像の各画素値をどの画素に移すべきかを考える必要がある．

そのため，図 10.12 のように，「逆変換 A^{-1}」を用い，出力画像のすべての画素の画素値を入力画像のどの画素から得るのかを計算する．たとえば，図 10.12 (b) の座標 $(3, 3)$ にある★や座標 $(1, 2)$ にある▲は逆変換で入力画像の対応位置を計算すると，図 10.12 (a) の☆や△の位置に対応する．☆や△の画素値を何らかの方法で決定してやればよいということになる．このように出力画像の各画素

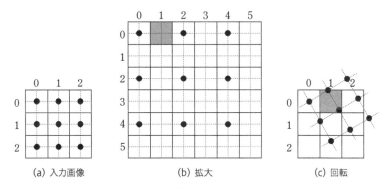

(a) 入力画像　　　(b) 拡大　　　(c) 回転

図 10.11 座標位置の拡大と回転の例

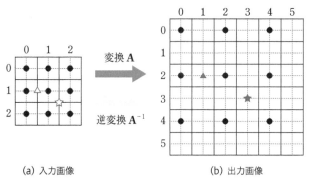

図 10.12　画像の再標本化（拡大の例）

からの逆変換処理により画素値を決定する作業を**再標本化**（resampling）と呼ぶ.

逆変換された座標値が，正の整数とならない場合は（**図 10.12 (a)** では☆は座標（1.5, 1.5），△は座標（0.5, 1）となり，△の y 座標以外は正の整数とはならない．さらに，ピクセルのちょうど間となっている），その周りの画素値を用いて決定する**補間**（interpolation）という作業が必要となる．逆変換は，10.1 節で説明した変換行列の逆行列を用いて以下のように計算する．

step 1　変換後の出力画像における，ある座標値に対して逆変換を行い，入力画像における対応位置を求める．

step 2　逆変換により得られた座標値が整数とならない場合や画像領域外の場合は，周囲の画素値を用いた補間を行う．逆変換後の座標値が画像領域外の場合は，あらかじめ決めた画素値，あるいは画像の端の画素値で代用することが多い．

step 3　step 1 と step 2 を，出力画像すべての画素に対して行う．

以下に代表的な補間方法を紹介する．

10.2.1　最近傍法

求めたい位置 (x, y) の画素値 $I_{dst}(x, y)$ として，最も近い座標値（位置を四捨五入して整数化する）の画素値をそのまま利用する方法を**最近傍法**（nearest neighbor）と呼ぶ．計算が単純で高速処理が可能であるが，拡大率を大きくしたときに画像の輪郭がギザギザになるジャギーが発生しやすい．逆変換された位置が**図 10.13** の○であるとすれば，最も近い座標（2, 1）の画素値 f_{21} を利用する．

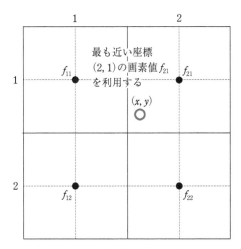

図 10.13 最近傍法による補間

10.2.2 双 1 次補間法

　求めたい位置 (x, y) の画素値 $I_{\mathrm{dst}}(x, y)$ を，周り 4 点の画素値 $f_{11}, ..., f_{22}$ を用いた線形補間により計算する方法を**双 1 次補間法**（bi-linear interpolation）と呼ぶ．4 点の画素値の重み付き平均を取ることになる．

$$I_{\mathrm{dst}}(x, y) = (dy_2 \quad dy_1) \begin{pmatrix} f_{11} & f_{21} \\ f_{12} & f_{22} \end{pmatrix} \begin{pmatrix} dx_2 \\ dx_1 \end{pmatrix} \tag{10.10}$$

　逆変換で得られた位置が**図 10.14** の○のとき，式 (10.10) は以下の手順を表している．

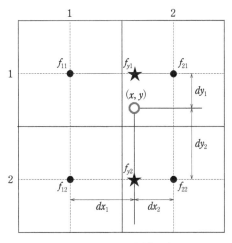

図 10.14 双 1 次補間法

step 1 2つの座標との距離を用いて，式(10.11)のように x 軸方向に線形補間して，★の位置の画素値を求める.

$$f_{y1} = dx_2 \cdot f_{11} + dx_1 \cdot f_{21}$$
$$f_{y2} = dx_2 \cdot f_{12} + dx_1 \cdot f_{22}$$

(10.11)

step 2 step 1 で計算した f_{y1}, f_{y2} を用いて，x 軸方向と同様，式(10.12)のように y 軸方向に線形補間して画素値を求める（先に y 軸方向に補間してから x 軸方向に補間しても同じ結果が得られる）.

$$I_{\text{dst}}(x, y) = dy_2 \cdot f_{y1} + dy_1 \cdot f_{y2}$$

(10.12)

　ここで，dx_1, dx_2, dy_1, dy_2 は正，かつ $dx_1 + dx_2 = 1$, $dy_1 + dy_2 = 1$ を満たすため，そのまま重みとして用いることができる. 最近傍法と比べて輪郭のジャギーは発生しにくくなるが，逆にエッジが鈍って（ぼやけて）しまう傾向がある.

10.2.3 双 3 次補間法

　求めたい位置 (x, y) の画素値 $I_{\text{dst}}(x, y)$ を，周り 16 点の画素値 $f_{11}, ..., f_{44}$ を用いた 3 次式で補間して，式(10.13)のように計算する方法を**双 3 次補間法**（bi-cubic interpolation）と呼ぶ.

$$I_{\text{dst}}(x, y) = (wy_1 \quad wy_2 \quad wy_3 \quad wy_4) \begin{pmatrix} f_{11} & f_{21} & f_{31} & f_{41} \\ f_{12} & f_{22} & f_{32} & f_{42} \\ f_{13} & f_{23} & f_{33} & f_{43} \\ f_{14} & f_{24} & f_{34} & f_{44} \end{pmatrix} \begin{pmatrix} wx_1 \\ wx_2 \\ wx_3 \\ wx_4 \end{pmatrix}$$

(10.13)

　計算手順と合わせて式(10.13)を説明していく. 逆変換で得られた位置が図 10.15 の○であるとする.

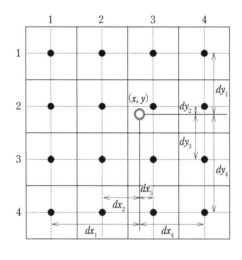

図 10.15 双 3 次補間
step 1 ：求めたい位置 (x, y) の周り 16 点の画素からの距離を計算

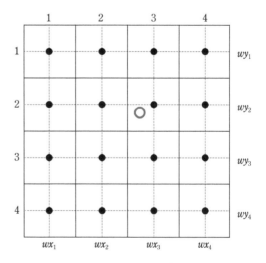

図 10.16 双 3 次補間
step 2 ：重みの決定

step 1 求めたい位置 (x, y) から，x 軸方向の距離 $(dx_1, ..., dx_4)$ と y 軸方向の距離 $(dy_1, ..., dy_4)$ を図 10.15 のように求める．

step 2 次に x 軸方向，y 軸方向それぞれの重み（ウェイト，weight）$(wx_1, ..., wx_4,\ wy_1, ..., wy_4)$ を求める．図 10.16 に示す各方向の重みは，式(10.14)のように表される．

$$wx_1 = W(dx_1),\quad wx_2 = W(dx_2),\quad wx_3 = W(dx_3),\quad wx_4 = W(dx_4)$$
$$wy_1 = W(dy_1),\quad wy_2 = W(dy_2),\quad wy_3 = W(dy_3),\quad wy_4 = W(dy_4)$$
(10.14)

ここで，重みを表す関数 W は式(10.15)として定義されている．式(10.15)は sinc 関数 $(\mathrm{sinc}(t) = \sin(\pi t)/\pi t)$ を 3 次多項式で近似したものとなっている．$|t|$ は t の絶対値を表す．

$$W(t) = \begin{cases} |t|^3 - 2|t|^2 + 1 & (|t| \leq 1) \\ -|t|^3 + 5|t|^2 - 8|t| + 4 & (1 < |t| \leq 2) \\ 0 & (2 < |t|) \end{cases}$$
(10.15)

step 3 重み $(wx_1, ..., wx_4,\ wy_1, ..., wy_4)$ が求まれば，4×4 の各画素値 f_{mn} に対して $f_{mn} \cdot wx_m \cdot wy_n$ を計算して総和をとり，重みの総和で割った値を画素値とする（図 10.17）．

$$I_{\mathrm{dst}}(x, y) = \frac{\displaystyle\sum_{m=1}^{4}\sum_{n=1}^{4} f_{mn} \cdot wx_m \cdot wy_n}{\displaystyle\sum_{m=1}^{4}\sum_{n=1}^{4} wx_m \cdot wy_n}$$
(10.16)

双 3 次補間法は，双 1 次補間法に比べてシャープで自然な画像が得られるというメリットがある．一方で，エッジがぼやけたり，計算量が増えたりするというデメリットもある．図 10.18 に補間法の違いによる処理結果を示す．

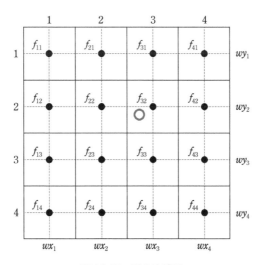

図 10.17　双 3 次補間
step 3：画素値の決定

（a）入力画像
右下の矩形部分を拡大

（b）最近傍法

（c）双1次補間法

（d）双3次補間法

図 10.18 補間法の違いによる処理結果（画面拡大時）

10.2.4 プログラム例：幾何学変換と補間

　ここまで説明してきた行列を用いた変換と逆変換，補間を用いて，実際に画像の拡大・回転を行うプログラムを考えてみよう．画像原点を中心に回転する変換と最近傍法や双1次補間法による再標本化の例を以下に示す．ただし，OpenCV には専用の関数がなく，一般的に 10.4 節のアフィン変換を用いるため，ここではプログラム例は省略する．

▌ C 言語（最近傍法による再標本化）

```
1   #include <math.h>
2
3   int     src_x, src_y;
4   double  org_x, org_y;
5
6   double  a[2][2]; // 変換行列
7   double  inv_a[2][2]; // 求めた逆行列
8   double  det_a;
9
10  // 変換行列（原点中心に 45[deg](= π /4[rad]) 反時計回りに回転する）
11  a[0][0] =  cos(-M_PI / 4.0);  a[0][1] = -sin(-M_PI / 4.0);
12  a[1][0] =  sin(-M_PI / 4.0);  a[1][1] =  cos(-M_PI / 4.0);
```

```
13
14    // 変換行列の逆行列を求める
15    det_a = a[0][0] * a[1][1] - a[0][1] * a[1][0];
16    inv_a[0][0] =  a[1][1] / det_a;
17    inv_a[0][1] = -a[0][1] / det_a;
18    inv_a[1][0] = -a[1][0] / det_a;
19    inv_a[1][1] =  a[0][0] / det_a;
20
21    // 再標本化する（最近傍法，画像範囲外の場合は 0 を代入）
22    for(int y = 0; y < height; y++) {
23      for(int x = 0; x < width; x++) {
24        org_x = inv_a[0][0] * x + inv_a[0][1] * y;
25        org_y = inv_a[1][0] * x + inv_a[1][1] * y;
26
27        src_x = org_x + 0.5;
28        src_y = org_y + 0.5;
29
30        if((src_x >= 0) && (src_x < width) && (src_y >= 0) && (src_y < height))
31          img_dst[y * width + x] = img_src[src_y * width + src_x];
32        else
33          img_dst[y * width + x] = 0;
34
35      }
36    }
```

▌C 言語（画像の回転と双 1 次補間法による再標本化）

```
1     #include <math.h>
2
3     int     x1, x2, y1, y2;
4     int     val_11, val_21, val_12, val_22;
5     double  org_x, org_y;
6     double  dx1, dx2, dy1, dy2;
7     double  x_val_1, x_val_2;
8
9     double  a[2][2]; // 変換行列
10    double  inv_a[2][2]; // 求めた逆行列
11    double  det_a;
12
13    // 変換行列（原点中心に 45[deg](= π /4[rad]) 反時計回りに回転する）
14    a[0][0] =  cos(-M_PI / 4.0);  a[0][1] = -sin(-M_PI / 4.0);
15    a[1][0] =  sin(-M_PI / 4.0);  a[1][1] =  cos(-M_PI / 4.0);
16
17    // 変換行列の逆行列を求める
18    det_a = a[0][0] * a[1][1] - a[0][1] * a[1][0];
19    inv_a[0][0] =  a[1][1] / det_a;
20    inv_a[0][1] = -a[0][1] / det_a;
21    inv_a[1][0] = -a[1][0] / det_a;
22    inv_a[1][1] =  a[0][0] / det_a;
23
```

```
24    // 再標本化を行う（双 1 次補間，画像範囲外の場合は 0 を代入）
25    for(int y = 0; y < height; y++) {
26      for(int x = 0; x < width; x++) {
27        org_x = inv_a[0][0] * x + inv_a[0][1] * y;
28        org_y = inv_a[1][0] * x + inv_a[1][1] * y;
29
30        if((org_x >= 0) && (org_x < width) && (org_y >= 0) && (org_y < height)) {
31          x1 = floor(org_x);
32          x2 = ceil(org_x);
33          y1 = floor(org_y);
34          y2 = ceil(org_y);
35
36          dx1 = org_x - x1;
37          dx2 = x2 - org_x;
38          dy1 = org_y - y1;
39          dy2 = y2 - org_y;
40
41          val_11 = img_src[y1 * width + x1];
42          val_21 = img_src[y1 * width + x2];
43          val_12 = img_src[y2 * width + x1];
44          val_22 = img_src[y2 * width + x2];
45
46          x_val_1 = dx2 * val_11 + dx1 * val_21;
47          x_val_2 = dx2 * val_12 + dx1 * val_22;
48
49          img_dst[y * width + x] = dy2 * x_val_1 + dy1 * x_val_2;
50        }
51        else
52          img_dst[y * width + x] = 0;
53
54      }
55    }
```

▶ **処理結果**

(a) 入力画像

(b) 原点中心に 45[deg] 反時計回りに
画像を回転させた結果

図 10.19 画像の回転と再標本化の処理結果

10.1 節で 2×2 の行列を用いた画像の回転や拡大などの変換を示したが，平行移動や射影変換などは，2×2 の行列では表現することができない．これを解決するための方法が，**同次座標**（homogeneous coordinate）の導入である．

同次座標では，2 次元平面上の点 (x, y) を，要素を 1 つ増やして式(10.17)のように表現する．

$$\mathbf{u} = \begin{pmatrix} x \\ y \\ 1 \end{pmatrix} \tag{10.17}$$

同次座標を用いると，現在の座標値 (x, y) を，x 軸方向に t_x，y 軸方向に t_y 平行移動した後の座標値 (x', y') は，式(10.18)で表すことができる．

$$\begin{pmatrix} x' \\ y' \\ 1 \end{pmatrix} = \begin{pmatrix} 1 & 0 & t_x \\ 0 & 1 & t_y \\ 0 & 0 & 1 \end{pmatrix} \begin{pmatrix} x \\ y \\ 1 \end{pmatrix} \quad \Leftrightarrow \quad \mathbf{u}' = \mathbf{A}\mathbf{u}$$

$$\mathbf{A} = \begin{pmatrix} 1 & 0 & t_x \\ 0 & 1 & t_y \\ 0 & 0 & 1 \end{pmatrix} \tag{10.18}$$

線形変換は 2×2 の行列で表現したが，同次座標を導入して変換行列 $\mathbf{A}$ を 3×3 とすることで，平行移動も線形変換と同様に行列計算で表現できるようになる．

10.4 アフィン変換と射影変換

10.4.1 アフィン変換

同次座標を用いると 10.1 節で示した一般的な線形変換は式(10.19)のように表現できる．

$$\begin{pmatrix} x' \\ y' \\ 1 \end{pmatrix} = \begin{pmatrix} a & b & 0 \\ c & d & 0 \\ 0 & 0 & 1 \end{pmatrix} \begin{pmatrix} x \\ y \\ 1 \end{pmatrix} \tag{10.19}$$

式(10.19)の線形変換を表す行列を $\mathbf{L}$ とおき，式(10.18)で示した平行移動を変換行列 $\mathbf{T}$ で表すとする．このとき，元座標を線形変換した後，平行移動する変換は式(10.20)のように表現できる．

$$\mathbf{u}' = \mathbf{T}\mathbf{L}\mathbf{u} \tag{10.20}$$

$$\begin{pmatrix} x' \\ y' \\ 1 \end{pmatrix} = \begin{pmatrix} 1 & 0 & t_x \\ 0 & 1 & t_y \\ 0 & 0 & 1 \end{pmatrix} \begin{pmatrix} a & b & 0 \\ c & d & 0 \\ 0 & 0 & 1 \end{pmatrix} \begin{pmatrix} x \\ y \\ 1 \end{pmatrix} = \begin{pmatrix} a & b & t_x \\ c & d & t_y \\ 0 & 0 & 1 \end{pmatrix} \begin{pmatrix} x \\ y \\ 1 \end{pmatrix} \tag{10.21}$$

図 10.20 に示すように線形変換と平行移動を組み合わせた変換を**アフィン変換**（affine transformation）と呼び，変換行列 $\mathbf{A}$ は一般的に式(10.22)のように表現される．

$$\mathbf{A} = \begin{pmatrix} a & b & t_x \\ c & d & t_y \\ 0 & 0 & 1 \end{pmatrix} \tag{10.22}$$

2つ以上の変換を組み合わせる場合も，それぞれの変換行列の積によって表現できる．また，アフィン変換は元の図形の長さや角度は保たれないが，線分の直線性や平行性は保たれるという特徴を持つ．

具体的に，座標位置 (x, y) を反時計回りに $90[\deg]$ 回転させた後，x 軸正方向に $+30$ ピクセル平行移動する変換を考えてみよう．

step 1 　反時計回りに $90[\deg]$ 回転した座標 (x_r, y_r) を計算する．

$$\begin{pmatrix} x_r \\ y_r \\ 1 \end{pmatrix} = \begin{pmatrix} \cos(-90°) & -\sin(-90°) & 0 \\ \sin(-90°) & \cos(-90°) & 0 \\ 0 & 0 & 1 \end{pmatrix} \begin{pmatrix} x \\ y \\ 1 \end{pmatrix} = \begin{pmatrix} 0 & 1 & 0 \\ -1 & 0 & 0 \\ 0 & 0 & 1 \end{pmatrix} \begin{pmatrix} x \\ y \\ 1 \end{pmatrix} \tag{10.23}$$

step 2 　座標 (x_r, y_r) を，x 軸方向に $+30$ ピクセル平行移動した座標 (x_t, y_t) を計算する．

$$\begin{pmatrix} x_t \\ y_t \\ 1 \end{pmatrix} = \begin{pmatrix} 1 & 0 & 30 \\ 0 & 1 & 0 \\ 0 & 0 & 1 \end{pmatrix} \begin{pmatrix} x_r \\ y_r \\ 1 \end{pmatrix} = \begin{pmatrix} 1 & 0 & 30 \\ 0 & 1 & 0 \\ 0 & 0 & 1 \end{pmatrix} \begin{pmatrix} 0 & 1 & 0 \\ -1 & 0 & 0 \\ 0 & 0 & 1 \end{pmatrix} \begin{pmatrix} x \\ y \\ 1 \end{pmatrix} = \begin{pmatrix} 0 & 1 & 30 \\ -1 & 0 & 0 \\ 0 & 0 & 1 \end{pmatrix} \begin{pmatrix} x \\ y \\ 1 \end{pmatrix} \tag{10.24}$$

得られた変換行列は，アフィン変換の一般式(10.21)の形になっていることが分かる．図 10.1 に示した入力画像に対してこの変換を実行した結果を図 10.21 (a) に示す．

次に，この変換の順番を変え，先に平行移動を行い，その後回転を行ってみよう．

step 1 　x 軸方向に $+30$ ピクセル平行移動した座標 (x_t, y_t) を計算する．

$$\begin{pmatrix} x_t \\ y_t \\ 1 \end{pmatrix} = \begin{pmatrix} 1 & 0 & 30 \\ 0 & 1 & 0 \\ 0 & 0 & 1 \end{pmatrix} \begin{pmatrix} x \\ y \\ 1 \end{pmatrix} \tag{10.25}$$

step 2 　座標 (x_t, y_t) を，反時計回りに $90[\deg]$ 回転した座標 (x_r, y_r) を計算する．

$$\begin{pmatrix} x_r \\ y_r \\ 1 \end{pmatrix} = \begin{pmatrix} \cos(-90°) & -\sin(-90°) & 0 \\ \sin(-90°) & \cos(-90°) & 0 \\ 0 & 0 & 1 \end{pmatrix} \begin{pmatrix} x_t \\ y_t \\ 1 \end{pmatrix} = \begin{pmatrix} 0 & 1 & 0 \\ -1 & 0 & 0 \\ 0 & 0 & 1 \end{pmatrix} \begin{pmatrix} x_t \\ y_t \\ 1 \end{pmatrix}$$

$$= \begin{pmatrix} 0 & 1 & 0 \\ -1 & 0 & 0 \\ 0 & 0 & 1 \end{pmatrix} \begin{pmatrix} 1 & 0 & 30 \\ 0 & 1 & 0 \\ 0 & 0 & 1 \end{pmatrix} \begin{pmatrix} x \\ y \\ 1 \end{pmatrix} = \begin{pmatrix} 0 & 1 & 0 \\ -1 & 0 & 30 \\ 0 & 0 & 1 \end{pmatrix} \begin{pmatrix} x \\ y \\ 1 \end{pmatrix} \tag{10.26}$$

ここで得られた変換行列式(10.26)は式(10.24)とは異なっている．このように変換を組み合わせる場合には，変換の順番が重要である．図 10.1 に示した入力画像に対してこの変換を実行した結果を図 10.21 (b) に示す．

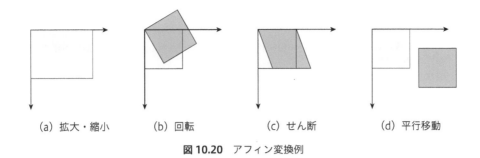

(a) 拡大・縮小　　　(b) 回転　　　(c) せん断　　　(d) 平行移動

図 10.20　アフィン変換例

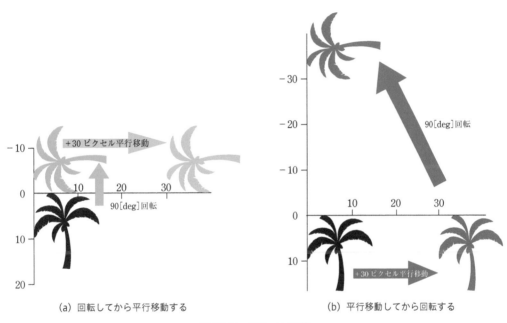

(a) 回転してから平行移動する　　　(b) 平行移動してから回転する

図 10.21　アフィン変換

10.4.2　プログラム例：アフィン変換

　原点中心に $45[\mathrm{deg}]$ 反時計回りに回転した後，y 軸方向に画像高さの半分だけ平行移動するプログラムを作成しよう．

▌C 言語

```
1  # include <math.h>
2
3  double a[3][3]; // 入力配列
4  double inv_a[3][3] = {{1, 0, 0}, {0, 1, 0}, {0, 0, 1}}; // 求めた逆行列
5  double buf;
```

```
 6    int n = 3;   // 配列の次数
 7
 8    // アフィン変換行列（原点中心に 45[deg] 反時計回り方向に回転した後，y 軸方向に画像の高さの半
      分だけ平行移動する）
 9    a[0][0] = cos(-M_PI / 4.0); a[0][1] = -sin(-M_PI / 4.0); a[0][2] = 0;
10    a[1][0] = sin(-M_PI / 4.0); a[1][1] =  cos(-M_PI / 4.0); a[1][2] = height * 0.5;
11    a[2][0] = 0               ; a[2][1] =  0               ; a[2][2] = 1;
12
13    // 変換行列の逆行列を，掃き出し法で求める
14    for(int i = 0; i < n; i++) {
15      buf = 1 / a[i][i];
16      for(int j = 0; j < n; j++) {
17        a[i][j] *= buf;
18        inv_a[i][j] *= buf;
19      }
20      for(int j = 0;j < n; j++) {
21        if(i != j) {
22          buf = a[j][i];
23          for(k = 0; k < n; k++) {
24            a[j][k] -= a[i][k] * buf;
25            inv_a[j][k] -= inv_a[i][k] * buf;
26          }
27        }
28      }
29    }
30
31    // 線形補間を行う（画像範囲外の場合は，0 を代入）
32    int     x1, x2, y1, y2;
33    int     val_11, val_21, val_12, val_22;
34    double  org_x, org_y;
35    double  dx1, dx2, dy1, dy2;
36    double  x_val_1, x_val_2;
37
38    for(int y = 0; y < height; y++) {
39      for(int x = 0; x < width; x++) {
40        org_x = inv_a[0][0] * x + inv_a[0][1] * y + inv_a[0][2];
41        org_y = inv_a[1][0] * x + inv_a[1][1] * y + inv_a[1][2];
42
43        if((org_x >= 0) && (org_x < width) && (org_y >= 0) && (org_y < height)) {
44          x1 = floor(org_x);
45          x2 = ceil(org_x);
46          y1 = floor(org_y);
47          y2 = ceil(org_y);
48
49          dx1 = org_x - x1;
50          dx2 = x2 - org_x;
51          dy1 = org_y - y1;
52          dy2 = y2 - org_y;
53
54          val_11 = img_src[y1 * width + x1];
```

```
55      val_21 = img_src[y1 * width + x2];
56      val_12 = img_src[y2 * width + x1];
57      val_22 = img_src[y2 * width + x2];
58
59      x_val_1 = dx2 * val_11 + dx1 * val_21;
60      x_val_2 = dx2 * val_12 + dx1 * val_22;
61
62      img_dst[y * width + x] = dy2 * x_val_1 + dy1 * x_val_2;
63    }
64    else
65      img_dst[y * width + x] = 0;
66
67  }
68 }
```

▌ OpenCV と C++ 言語（変換行列を直接指定する）

```
1  const Mat affine_matrix = (Mat_<double>(2, 3)
   << cos(-M_PI / 4.0), -sin(-M_PI / 4.0), 0,
      sin(-M_PI / 4.0),  cos(-M_PI / 4.0), img_src.rows * 0.5);
2
3  warpAffine(img_src, img_dst, affine_matrix, img_src.size(), INTER_CUBIC );
```

関数 warpAffine は画像のアフィン変換を行う．引数は以下の通りである．

- 第 1 引数：入力画像
- 第 2 引数：出力画像
- 第 3 引数：2×3 の変換行列
- 第 4 引数：出力画像のサイズ
- 第 5 引数：補間手法

INTER_NEAREST	最近傍補間
INTER_LINEAR	双 1 次補間（デフォルト）
INTER_AREA	ピクセル領域の関係を利用した再標本化
INTER_CUBIC	4×4 の近傍領域を利用する双 3 次補間
INTER_LANCZOS4	8×8 の近傍領域を利用する補間法

▌ OpenCV と Python

```
1  size = tuple(np.array([img_src.shape[1], img_src.shape[0]]))
2
3  afn_mat = np.float32([[math.cos(-math.pi / 4.0), -math.sin(-math.pi / 4.0), 0],
   [math.sin(-math.pi / 4.0), math.cos(-math.pi / 4.0), img_src.shape[0] * 0.5]])
4
5  img_dst = cv2.warpAffine(img_src, afn_mat, size, flags = cv2.INTER_CUBIC)
```

(a) 入力画像

(b) 原点中心に 45[deg]反時計回りに回転した後，
y軸正方向に画像の高さの半分だけ平行移動した結果

図 10.22　画像の回転と再標本化の処理結果

　変換行列を直接与えるだけでなく，回転中心と回転角度，スケーリングの各パラメータを与えて，アフィン変換行列を計算する便利な関数がOpenCVには用意されている．画像中心を回転中心として，45[deg]反時計回りに回転するプログラム例を以下に示す．

OpenCV と C++ 言語（パラメータを与えて変換行列を求める）

```
1  // 回転：45[deg]，スケーリング：1.0[倍]
2  float angle = 45.0, scale = 1.0;
3  // 回転中心：画像の中心
4  Point2f center(img_src.cols * 0.5, img_src.rows * 0.5);
5
6  // 以上の条件から 2 次元の回転行列を計算
7  Mat affine_matrix = getRotationMatrix2D(center, angle, scale);
8  //　アフィン変換を行う
9  warpAffine(img_src, img_dst, affine_matrix, img_src.size(), INTER_CUBIC);
```

　関数 getRotationMatrix2D は，パラメータを与えて 2 次元回転を表すアフィン変換行列を計算する．関数 getRotationMatrix2D は，

- 第 1 引数：入力画像中にある回転中心
- 第 2 引数：degree 単位で表される回転角度．正の値は反時計回りを意味する
- 第 3 引数：スケーリング係数（縦，横とも同じ値）

を指定すると，変換行列を戻り値として返す．

OpenCV と Python

```
1  # 回転：45[deg]，スケーリング：1.0[ 倍 ]
2  angle = 45.0
```

```
3    scale = 1.0
4    # 回転中心：画像の中心
5    center = tuple(np.array([img_src.shape[1] * 0.5, img_src.shape[0] * 0.5]))
6    # 以上の条件から 2 次元の回転行列を計算
7    rot_mat = cv2.getRotationMatrix2D(center, angle, scale)
8    # アフィン変換を行う
9    size = tuple(np.array([img_src.shape[1], img_src.shape[0]]))
10   img_dst = cv2.warpAffine(img_src, rot_mat, size, flags = cv2.INTER_CUBIC)
```

▶ **処理結果**

図 10.23　画像中心を回転中心として 45[deg] 反時計方向に回転した結果
（入力画像は**図 10.22**(a) と同じ）

10.4.3　射影変換

　2 次元画像が 3 次元空間中に配置された 1 枚の平面上に存在すると考えて，空間中のさまざまな視点から見たときに得られる**図 10.24** のような変換を，**射影変換**（perspective transformation）と呼ぶ．通常は 3 次元空間座標系から 2 次元画像座標系への変換を表現するものである．

$$\begin{pmatrix} wx' \\ wy' \\ w \end{pmatrix} = \begin{pmatrix} a & b & c \\ d & e & f \\ g & h & i \end{pmatrix} \begin{pmatrix} x \\ y \\ 1 \end{pmatrix} \tag{10.27}$$

変換後の座標は

$$x' = \frac{wx'}{w} = \frac{ax + by + c}{gx + hy + 1}$$

$$y' = \frac{wy'}{w} = \frac{dx + ey + f}{gx + hy + 1}$$

と計算できる．

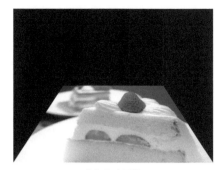

(a) 入力画像（640 × 480 ピクセル）　　　　　　　（b) 出力画像

図 10.24　射影変換の例

10.4.4　プログラム例：射影変換

図 10.24 の変換を行う射影変換プログラムを，OpenCV を用いて作成してみよう．

射影変換行列は，アフィン変換などと比べて，直感的に変換行列の各要素を求めることが難しい．そのため，OpenCV には 4 組の対応点から，射影変換行列を計算する関数 `getPerspectiveTransform` が用意されている．**図 10.24** の変換を行うためには**図 10.25** の矩形領域を台形領域にマッピングすると考えて，頂点座標を指定する．

図 10.25　プログラムサンプルでの 4 組の対応点の例
（640 × 480 ピクセル）

▍OpenCV と C++ 言語（対応する四角形を用いて変換行列を計算）

```
1  Point2f pts1[] = {Point2f(0, 0), Point2f(0, 479), Point2f(639, 479), Point2f(639, 0)};
2  Point2f pts2[] = {Point2f(160, 240), Point2f(0, 479), Point2f(639, 479), Point2f(480,
   240)};
3
4  // 射影変換行列を計算
5  Mat perspective_matrix = getPerspectiveTransform(pts1, pts2);
6
7  // 射影変換
8  warpPerspective(img_src, img_dst, perspective_matrix, img_src.size(), INTER_CUBIC);
```

関数 getPerspectiveTransform は，
- 第 1 引数：入力画像上の四角形の頂点の座標
- 第 2 引数：出力画像上の対応する四角形の頂点の座標

を指定すると，射影変換行列を戻り値として返す．

関数 warpPerspective は画像の射影変換を行う．引数は以下の通りである．
- 第 1 引数：入力画像
- 第 2 引数：出力画像
- 第 3 引数：3×3 の変換行列
- 第 4 引数：出力画像のサイズ
- 第 5 引数：補間手法（warpAffine と同じ）

INTER_NEAREST	最近傍補間
INTER_LINEAR	双 1 次補間（デフォルト）
INTER_AREA	ピクセル領域の関係を利用した再標本化
INTER_CUBIC	4×4 の近傍領域を利用する双 3 次補間
INTER_LANCZOS4	8×8 の近傍領域を利用する補間法

▍OpenCV と Python（対応する四角形を用いて変換行列を計算）

```
1  size = tuple(np.array([img_src.shape[1], img_src.shape[0]]))
2
3  pts1 = np.float32([[0, 0], [0, 479], [639, 479], [639, 0]])
4  pts2 = np.float32([[160, 240], [0, 479], [639, 479], [480, 240]])
5
6  psp_mat = cv2.getPerspectiveTransform(pts1, pts2)
7
8  img_dst = cv2.warpPerspective(img_src, psp_mat, size, flags = cv2.INTER_CUBIC)
```

☐ **1.** 画像の再標本化を行わず，単純に画像を 2 倍に拡大するようなプログラムを作成し，そのとき得られる画像にどのような問題が生じるか確認せよ．

☐ **2.** 回転行列と平行移動を表すアフィン変換行列を組み合わせて，入力画像の中心（center_x, center_y）を回転中心として，反時計回りに角度 θ[deg]回転させるようなアフィン変換行列を作成せよ．

☐ **3.** 入力画像を x 軸方向に 15[deg]せん断変形するプログラムを作成せよ．ただし，画像中心は移動しないものとする．

Chapter 11

距離画像処理

本章では，深度カメラの距離計測原理や，取得された距離画像の処理方法などについて解説する．

また，深度カメラを大まかに分類すると，Time Of Flight（以後，TOFという）型カメラとパターン投影型カメラの2種類がある．どちらの形式も距離データを取得するという点では機能的に同じであるが，距離データを計測するために使用している原理が異なるので，それぞれの距離計測の原理や使用上の注意点などについて解説する．

11.1 TOF型カメラ

11.1.1 TOF型カメラの距離計測原理の基礎

図 11.1 は，1 本の光線を発する **TOF センサ**（point-wise TOF）による距離計測の原理を表している．時刻 0 に TOF センサのトランスミッタから放出されたレーザ光（信号光）は環境中を直進して，ある物体面に衝突して，その物体表面で反射する．反射したレーザ光（反射光）は，先とは逆方向に直進して TOF センサのレシーバに到達する．TOF センサと物体表面間の距離を d とすると，トランスミッタから放出されてレシーバに戻ってくるまでの時間 Δt の間に，レーザ光が進んだ距離は往復で $2d$ となる．したがって，距離 d は

$$d = \frac{c\Delta t}{2} \tag{11.1}$$

と表せる．これが TOF 型カメラによる距離計測の原理式となる．ここで c は，空気中におけるレーザ光の速度で，光速（$c = 3.0 \times 10^8$ m/s）を表している．

シーン中のある点だけでなくある表面全体の距離を計測するために，多くの距離計測システムでは，

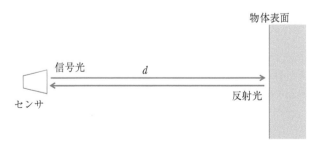

図 11.1 TOF による距離計測の原理

point-wise TOF センサを回転機構などに搭載して，シーン中をスキャニングするシステムを構築する．スキャニングシステム以外で，ある表面全体の距離を計測する TOF 型カメラとしては，**行列型TOF カメラ**がある．このカメラは一般的には照射部と受光部が対になっており，照射された近赤外光などが対象物表面で反射して戻るまでの時間（Time Of Flight）から距離を測定する．TOF 型カメラの前にあるシーンの幾何学的な構造を $N_R \times N_C$ のマトリックス内に，1 点ずつ別々に，かつ同時にシーン中の各点までの距離を取得することができる．**図 11.2** は，行列型 TOF カメラの基本構造を表している．

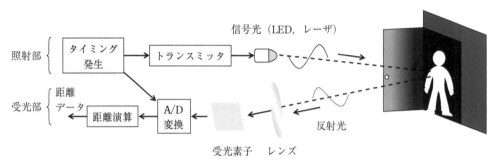

図 11.2 行列型 TOF カメラの基本構造

たとえば式(11.1)にしたがうと，1 mm の距離を光が進むのに 5×10^{-12} 秒かかるので，1 mm の距離解像度がある場合には，5×10^{-12} 秒を正確に測定できる能力を持つ時間計測機器が必要となる．この正確に時間計測できるかどうかが，現在の TOF 型カメラ開発において重要な問題となる．時間計測の方法として，一般的な手法は **CW 強度変調**（continuous wave intensity modulation）**法**[1]である．その他の方法としては，**光学シャッター（OS）方式**[2,3]や **SPAD**（the single-photon avalanche diodes）**法**[4]などがある．

以下では，商用の TOF 型カメラで使用されている CW 強度変調法について解説する．

11.1.2 CW 強度変調法

TOF 型カメラの時間計測法では，光の「位相差」を用いて光の飛翔時間を測定する．位相とは，波などの周期的な現象において，ある波の 1 周期の中の位置を表す量である．TOF 型カメラでは，発光強度を変調した光（信号光）を使用する．信号光は，変調した光の周波数すなわち周期を持つ．したがって，時間のズレを位相のズレで測ることができる．位相が 2π ずれることは，時間に換算すると 1 周期（変調周波数は f_{mod} とする）の時間 T だけずれることと等価である．したがって，位相のずれが $\Delta\phi$ のとき，これを時間に換算して Δt だけずれたとすると，これらの比の関係から式(11.2)が成立する．

$$2\pi : T = \Delta\phi : \Delta t \tag{11.2}$$

周期と変調周波数の関係は,

$$T = \frac{1}{f_{\text{mod}}}$$

であるので, 時間差 Δt と位相差 $\Delta \phi$ の関係は

$$\Delta \phi = 2\pi f_{\text{mod}} \Delta t \tag{11.3}$$

となる.

したがって, 対象までの距離 d は, 光速 c, 位相差 $\Delta \phi$, 変調周波数 f_{mod} によって

$$d = \frac{c\Delta \phi}{4\pi f_{\text{mod}}} \tag{11.4}$$

と表せる.

つぎに, 位相差 $\Delta \phi$ の推定方法について説明する. 信号光の発光強度は変調されており, 空間を伝搬・反射してセンサに受光されるときには伝搬距離に応じて位相がずれる. 図 11.3 は, 信号光と反射光の様子を表しており, 信号光 $s_{\text{E}}(t)$ が緑線, 反射光 $s_{\text{R}}(t)$ が赤線であり, それぞれ式(11.5), (11.6)で示されている. f_{mod}, A_{E} は, それぞれ信号光の変調周波数, 信号光の振幅を表す. A, B, $\Delta \phi$ は, それぞれ減衰された信号光の (つまり, 反射光の) 強度, 環境光の強度, 位相差を表す.

$$s_{\text{E}}(t) = A_{\text{E}} \{1 + \sin(2\pi f_{\text{mod}} t)\} \tag{11.5}$$

$$s_{\text{R}}(t) = A \{1 + \sin(2\pi f_{\text{mod}} t + \Delta \phi)\} + B \tag{11.6}$$

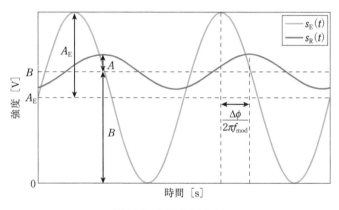

図 11.3 信号光と反射光

ここで, 観測される反射光から, 反射光の 3 つの未知変数 A, B, $\Delta \phi$ を推定する 1 つの方法について紹介する. 反射光の 3 つの変数を推定する方法として, 図 11.4 で示すように, 変調周波数 f_{mod} (周期 T_{mod}) の 4 倍の周波数 $4f_{\text{mod}}$ の間隔で反射光をサンプリングした反射光強度 A^0, A^1, A^2, A^3 に基づいて算出する方法がある.

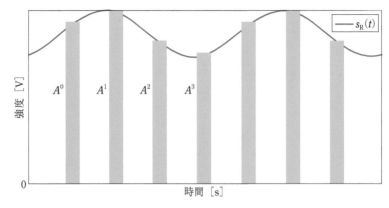

図 11.4 反射光における 4 つの振幅値

推定された未知変数を $\widehat{A}$, $\widehat{B}$, $\widehat{\Delta\phi}$ で表して，これらの変数を推定するために式(11.7)で示される最小化問題の解を求める．式(11.7)で，A^0, A^1, A^2, A^3 は，それぞれ $t = 0$, $\dfrac{T_{\mathrm{mod}}}{4}$, $\dfrac{T_{\mathrm{mod}}}{2}$, $\dfrac{3T_{\mathrm{mod}}}{4}$ の間隔でサンプリングされた反射光の強度である．

$$(\widehat{A}, \widehat{B}, \widehat{\Delta\phi}) = \operatorname*{argmin}_{A, B, \Delta\phi} \sum_{n=0}^{3} \left\{ A^n - \left[A \sin\left(\frac{\pi}{2} n + \Delta\phi \right) + B \right] \right\}^2 \tag{11.7}$$

式(11.7)の最小化問題を解くことで，$\widehat{A}$, $\widehat{B}$, $\widehat{\Delta\phi}$ が式(11.8)，(11.9)，(11.10)のように求められる．

$$\widehat{A} = \frac{\sqrt{(A^0 - A^2)^2 + (A^1 - A^3)^2}}{2} \tag{11.8}$$

$$\widehat{B} = \frac{A^0 + A^1 + A^2 + A^3}{4} \tag{11.9}$$

$$\widehat{\Delta\phi} = \tan^{-1} \frac{A^0 - A^2}{A^1 - A^3} \tag{11.10}$$

こうして推定された位相差 $\widehat{\Delta\phi}$ と式(11.4)より，距離の推定値 $\widehat{d}$ を式(11.11)のように得ることができる．式(11.11)が TOF 型カメラにおいて位相差から距離を推定する原理式である．

$$\widehat{d} = \frac{c \widehat{\Delta\phi}}{4\pi f_{\mathrm{mod}}} = \frac{c}{4\pi f_{\mathrm{mod}}} \tan^{-1} \frac{A^0 - A^2}{A^1 - A^3} \tag{11.11}$$

11.1.3 行列型 TOF カメラと距離画像の生成

たとえば，**図 11.5** に示すような行列型 TOF カメラでは，2 次元行列状に受光素子があり，それを取り囲むようにして複数個の照射素子が並べられている．このように照射素子を配置することで，1 つの仮想的な照射素子が，2 次元行列状の受光素子の中央に存在することと等価となる．

行列型 TOF カメラは，**図 11.6** に示すように，2 次元行列（$N_R \times N_C$）状に並べられた画素（受光素子）と光学系の 2 つの要素から構成されている．このカメラは照射素子が並べて配置されている平面

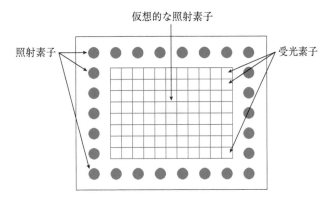

図 11.5 行列型 TOF カメラの照射・受光素子の配置の例

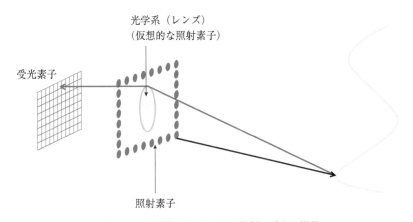

図 11.6 行列型 TOF カメラの照射・受光の様子

の中央に光学系（レンズ）が存在し，その後方に2次元行列状に並べられた受光素子が存在するようなカメラシステムとしてモデル化できる．このように考えると，行列型 TOF カメラのモデルは一般的なピンホールカメラモデルと同様に扱うことができる．

図 11.7 は，TOF 型カメラモデルを表している．座標系 $[x_T - y_T - z_T]$ は，TOF 型カメラの3次元座標系を表している．この座標系において，3次元空間中の点 P_T の位置は，$\mathbf{P}_T = (x_T \quad y_T \quad z_T)^\top$ と表せる．ここで，座標値 z_T は，点 P_T の**深度値**（depth）を表す．

座標系 $[u_T - v_T]$ は受光素子の座標系を表している．したがって，この受光素子上の点 p_T の位置は，$\mathbf{p}_T = (u_T \quad v_T)^\top$ と表せる．なお，ここで，$u_T \in [0, ..., N_C]$，$v_T \in [0, ..., N_R]$ である．

3次元空間中の点 P_T と受光素子上の点 p_T の関係は，一般的なピンホールカメラモデルと同様に，式(11.12)のように表せる．

$$
z_T \begin{pmatrix} u_T \\ v_T \\ 1 \end{pmatrix} = \mathbf{K}_T \begin{pmatrix} x_T \\ y_T \\ z_T \end{pmatrix} \tag{11.12}
$$

ここで，$\mathbf{K}_T$ はカメラの内部パラメータを表す行列である．

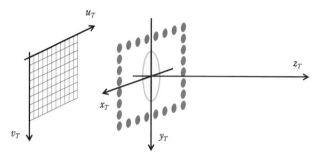

図 11.7 TOF 型カメラモデル

受光素子上の画素 $\mathbf{p}_T$ には，3 次元空間中の点 $\mathbf{P}_T$ からの直線距離の推定値 $\widehat{r_T}$ が保存されている．ここで，直線距離の推定値 $\widehat{r_T}$ は式 (11.13) のように表せる．

$$\widehat{r_T} = \sqrt{\widehat{x_T}^2 + \widehat{y_T}^2 + \widehat{z_T}^2} = \left\| \begin{pmatrix} \widehat{x_T} & \widehat{y_T} & \widehat{z_T} \end{pmatrix}^\top \right\|_2 \tag{11.13}$$

画素 $\mathbf{p}_T$ で計測された直線距離 $\widehat{r_T}$ から，3 次元空間中の点の座標値 $(\widehat{x_T},\ \widehat{y_T},\ \widehat{z_T})$ は，次のような手順により計算することができる．

1. 光学系の歪みがあらかじめ既知であるとして，歪みの除去された画素の位置 $\mathbf{p}_T = (u_T \quad v_T)^\top = \Psi^{-1}(\widehat{\mathbf{p}_T})$ を推定する．ここで，Ψ^{-1} は歪み変換関数 Ψ の逆関数を表す．
2. 式 (11.12) と (11.13) から，深度値 $\widehat{z_T}$ は次式によって計算できる．

$$\widehat{z_T} = \frac{\widehat{r_T}}{\left\| \mathbf{K}_T^{-1}(u_T \quad v_T \quad 1)^\top \right\|_2} \tag{11.14}$$

3. $\widehat{x_T}$ と $\widehat{y_T}$ の値は，式 (11.12) から次式のように導ける．

$$\begin{pmatrix} \widehat{x_T} \\ \widehat{y_T} \\ \widehat{z_T} \end{pmatrix} = \widehat{z_T}\, \mathbf{K}_T^{-1} \begin{pmatrix} u_T \\ v_T \\ 1 \end{pmatrix} \tag{11.15}$$

以上から，距離画像が得られるまでの過程をまとめると次のようになる．

TOF 型カメラの受光素子の各画素 $\mathbf{p}_T$ において，サンプリングされた反射光の強度 A^0，A^1，A^2，A^3 を取得する．そして，各画素において，これらの値から $\widehat{A}$，$\widehat{B}$，$\widehat{\Delta\phi}$ を推定し，直線距離 $\widehat{r_T}$，3 次元空間中の点の座標値 $(\widehat{x_T},\ \widehat{y_T},\ \widehat{z_T})$ を推定する．

TOF 型カメラでは，各画素において $\widehat{A}$，$\widehat{B}$ や深度値 $\widehat{z_T}$ を推定するので，TOF 型カメラではそれらの値を行列形式で保存し，観測した環境の 3 次元構造を 2 次元マップとして保存することができる．そして，深度値 $\widehat{z_T}$ の 2 次元マップが TOF 型カメラの距離画像となる．

11.1.4 TOF型カメラ使用上の注意

TOF型カメラでは，弱い光のごくわずかな時間のズレを高精度に計測する必要がある．たとえば，TOF型カメラから発した光が1m先の対象物で反射してTOF型カメラの受光素子に戻るまでの時間は，光速（$c = 3.0 \times 10^8$ m/s）を用いて計算すると，6.7×10^{-9} 秒である．同様に考えると，1cmの精度を得るために必要な時間分解能は 6.7×10^{-11} 秒である．したがって，高い精度で距離測定を行うためにはいくつかの工夫が必要になる．たとえば，反射光を検出する際に十分な量の光を蓄積するために，繰り返しサンプリングを行って十分長い時間をかけること，あるいは受光素子の受光感度を高くすることが挙げられる．しかし，サンプリングに過剰に長い時間をかけると，1フレームの距離画像を得るための所要時間が長くなり，TOF型カメラの応答速度が遅くなるので注意が必要である．

また，光源から発した信号光の強度は対象物に届くまでに距離の2乗で減衰するので，実際に受光素子に戻ってくる反射光の強度は，信号光の数%に過ぎない．さらに，TOF型カメラが使用される環境には，信号光以外に，蛍光灯のようなある周波数を持った光や太陽光のような強い外乱光が溢れており，このような条件下で反射光を検出しなければならない．そこで，外乱光の影響を減じるための対策として，信号光の照射強度を強くすることがしばしば行われる．そのためには，大きな電力を確保しなければならないが，TOF型カメラ全体の消費電力，電源や光源（LED）の性能により制約される．また，電力が確保できたとしても，新たに光源が発する熱に対処する必要がある．

11.2 パターン投影型カメラ

一般消費者が容易に使用できるRGB-Dカメラとして最初に登場したMicrosoft社のKinect v1には，**パターン投影型カメラ**が搭載されていた．パターン投影型カメラは，赤外線ビデオカメラと赤外線プロジェクタから構成されている．

以下では，Kinect v1に搭載されているパターン投影型カメラの距離計測原理について説明する．

11.2.1 パターン投影型カメラの距離計測原理の基礎

パターン投影型カメラの距離計測の原理は，標準的なステレオカメラの距離計測原理と同じ，三角測量の原理に基づいている．そこで，まず，標準的なステレオカメラを用いて距離が計測できることを説明する．

図 11.8は，標準的なステレオカメラシステムを表している．標準的なステレオカメラは，左カメラLと右カメラRから構成されている．左カメラのレンズ中心を原点とした3次元座標系 $[x_L\text{-}y_L\text{-}z_L]$ と左カメラの画像座標系 $[u_L\text{-}v_L]$ がある．同様に，右カメラの3次元座標系 $[x_R\text{-}y_R\text{-}z_R]$ と右カメラの画像座標系 $[u_R\text{-}v_R]$ がある．

左右のカメラの光軸は互いに平行であるとする．また，それぞれのカメラの画像は，カメラの内部パラメータによって歪みなどが除去された（校正された）状態になっているものとする．このような

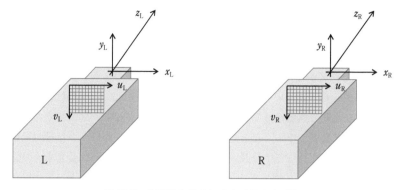

図 11.8 標準的なステレオカメラのモデル

設定で，空間中の点 $\mathbf{P} = (x \quad y \quad z)^\top$ が，それぞれ，左カメラの画像座標系で $\mathbf{p}_\mathrm{L} = (u_\mathrm{L} \quad v_\mathrm{L})^\top$，右カメラの画像座標系で $\mathbf{p}_\mathrm{R} = (u_\mathrm{R} \quad v_\mathrm{R})^\top$ の点に投影される．なお，点 P は左カメラの 3 次元座標系を基準にした座標値とする．すると，式 (11.16) が成り立つ．

$$v_\mathrm{L} = v_\mathrm{R}, \quad u_\mathrm{L} - u_\mathrm{R} = d \tag{11.16}$$

ここで，d は視差と呼ばれ，点 P の深度値 z と反比例の関係にある．

図 11.9 は，図 11.8 の y 軸の方向から xz 平面を見た図である．図 11.9 において，三角形 $\mathrm{p_L P p_R}$ と三角形 $\mathrm{o_L P o_R}$ が相似の関係にあることから，b を 2 つのカメラ間の距離，f を 2 つのカメラの焦点距

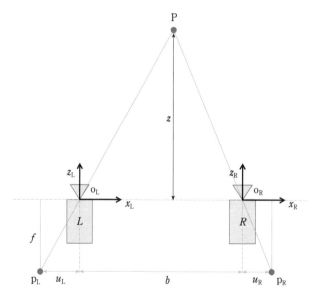

図 11.9 ステレオカメラの三角測量の原理

離とすると，深度値 z と視差 d の間には式(11.17)の関係があることが導ける．これがステレオカメラにおいて距離が計測できる原理（三角測量の原理）を表す式である．

$$z = \frac{bf}{d} \tag{11.17}$$

点 P の座標値 x, y は透視投影の関係から次のように求められる．

$$x = \frac{u_{\mathrm{L}}z}{f} \tag{11.18}$$

$$y = \frac{v_{\mathrm{L}}z}{f} \tag{11.19}$$

図 11.10 は，パターン投影型カメラの三角測量の原理を表している．図 11.10 では，標準的なステレオカメラシステムの右カメラをプロジェクタ A に置き換えている．このプロジェクタ A から光線が出て，環境中のある点を照らし，それをカメラ C によって観測する．したがって，3 点 $\mathbf{p}_{\mathrm{A}}$, $\mathbf{P}$, $\mathbf{p}_{\mathrm{C}}$ で構成される三角形は，ステレオカメラシステムにおいて，距離計測のもととなる三角形と同じ役割を果たすことになる．パターン投影型カメラでは，カメラから光線を発するため，三角測量のことを，特に，**能動的三角測量**（active triangulation）という．つぎに，この能動的三角測量システムを用いて距離が計測できることを説明する．

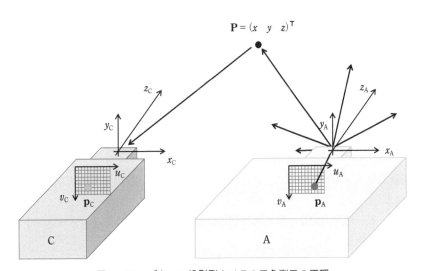

図 11.10 パターン投影型カメラの三角測量の原理

カメラ C の 3 次元座標系を $[x_{\mathrm{C}}\text{-}y_{\mathrm{C}}\text{-}z_{\mathrm{C}}]$，カメラ C の画像座標系を $[u_{\mathrm{C}}\text{-}v_{\mathrm{C}}]$ とする．同様に，プロジェクタ A の 3 次元座標系を $[x_{\mathrm{A}}\text{-}y_{\mathrm{A}}\text{-}z_{\mathrm{A}}]$，プロジェクタ A の 2 次元座標系を $[u_{\mathrm{A}}\text{-}v_{\mathrm{A}}]$ とする．カメラ C とプロジェクタ A の光軸は平行になっているものとする．また，カメラとプロジェクタの内部パラメータが既知であり，カメラで取得された画像と投影パターンの歪みが除去された（校正された）状態になっているものとする．

このような設定で，プロジェクタ A の 2 次元座標系上の点 $\mathbf{p}_A = (u_A \quad v_A)^\top$ から出たパターンを持つ光線が，3 次元空間内（カメラ C の 3 次元座標系を基準として）の点 $\mathbf{P} = (x \quad y \quad z)^\top$ に投影され，その点をカメラ C で観測し，画像座標系の点 $\mathbf{p}_C = (u_C \quad v_C)^\top$ に投影される．こうして，三角測量の基準となる三角形 $\mathbf{p}_A \mathbf{P} \mathbf{p}_C$ が構成される．ステレオカメラシステムと同様に次式が成り立つ．

$$v_A = v_C, \quad u_C - u_A = d \tag{11.20}$$

さらに，ステレオカメラシステムと同様に，三角形 $\mathbf{p}_A \mathbf{P} \mathbf{p}_C$ と三角形 $\mathbf{O}_A \mathbf{P} \mathbf{O}_C$ が相似の関係にあることから，b をカメラ・プロジェクタ間の距離，f をカメラ・プロジェクタの焦点距離とすると，深度値 z と視差 d の間には先と同様の式の関係があることが導ける．$\mathbf{O}_A$, $\mathbf{O}_C$ はそれぞれプロジェクタ A とカメラ C の 3 次元座標系の原点である．これがパターン投影型カメラにおいて距離が計測できる原理（能動的三角測量の原理）を表す式となる．文献[5]によると，Kinect v1 の b および f は，それぞれ 75 mm，585.6 画素であり，最小視差と最大視差は，それぞれ 2 画素，88 画素である．したがって，計測できる範囲は 0.5〜15 m となる．

標準的なステレオカメラシステムや，パターン投影型カメラシステムの三角測量の原理の説明では，左右の画像での対応点が既知であるという前提で，距離計測の原理式が導かれている．しかし，実際には，左右の画像での対応点を求めることが，これらのカメラシステムにおける重要なポイントとなる．標準的なステレオカメラシステムでは，**対応点探索問題**は困難な問題である．一方，パターン投影型カメラにおいては，投影するパターンを工夫することにより，この対応点探索問題を簡単に解いている．この工夫が **Light coding 技術** と呼ばれる方法である．Kinect v1 では，このカメラ特有の Light coding 技術が実装されている．以下では，この Light coding 技術の概要について説明する．

11.2.2　パターン投影型カメラの Light coding 技術

プロジェクタ A の 2 次元座標系における点 $\mathbf{p}_A = (u_A \quad v_A)^\top$ から出たパターンを持つ光線が発せられ，カメラ C の 3 次元座標系における点 $\mathbf{P} = (x \quad y \quad z)^\top$ に投影され，その点をカメラ C で観測し，画像座標系の点 $\mathbf{p}_C = (u_A + d \quad v_A)^\top$ に投影される．このとき，点 $\mathbf{p}_C$ に対応する点 $\mathbf{p}_A$ の座標値 (u_A, v_A) が分かれば，簡単に視差 d を計算することが可能になる．パターン投影型カメラでは，投影された先で点 $\mathbf{p}_A$ の座標値が分かるように，その座標値固有のパターン（コードワードと呼ばれる）を投影する方式がとられている．理想的でない投影環境においても，効率的に符号化できるコードワードを設計することが重要な技術となる．

そこで，よいコードワードの設計方法について考えてみる．コードワードは，コードワードのそれぞれが異なれば異なるほど，自己干渉や障害に対して頑健になる．実際には，キャリブレーションされたカメラとプロジェクタの配置であれば，同一の水平線上にある個々の点を識別するだけでよいので，異なるコードワードの総数は大きくなくてもよい．たとえば，水平線上に N 個の点が存在すれば N 個のコードワードが必要である．それぞれのコードワードは，局所的なパターン分布により表現されるものとすると，ある点のパターン分布が他の点のパターン分布と異なれば異なるほど，その点のコードワードはより頑健になり得る．プロジェクタの 2 次元座標系における点 $\mathbf{p}_A$ に対する局所パターン分布は，点を中心とした矩形領域内のすべての点によって表現されるパターンになる．各点

が異なる n_p 個の値を持ち，この矩形領域内に n_w 個の点があるとすると，局所パターン分布の総数は，$(n_p)^{n_w}$ 個となる．これら $(n_p)^{n_w}$ 個の局所パターン分布の中から，N 個のパターンをコードワードとして選択すればよい．また，このような局所パターン分布を用いる場合，点 $\mathbf{p}_A$ の近傍に存在する点同士で，局所パターン分布の一部を共有することになり，相互依存することになるため，頑健なコードワード作成方法が必要となる．

具体的なコードワードの作成方法（符号化の方法）はいくつか存在するが[8]，以下では Kinect v1 で使用されている（使用されているとされる）**空間多重化による符号化法**について紹介する（図11.11）．

空間多重化による符号化手法は，外光，物体表面の反射特性による影響には頑健である．しかし，ある大きさの矩形領域内の局所パターン分布を用いているため，透視投影変換による歪みに対しては弱いといわれている．そのため，矩形領域の大きさ n_w の選択が重要なポイントとなる．空間多重化による符号化手法の具体例としては，M 系列に基づく方法[9]や，De Bruijin 系列に基づく方法[10]などがある．

Kinect v1 で使用されているコードワードの作成方法は非公開であるため，詳細は不明なままであるが，実際に投影されている局所パターンを観測することで，作成方法のおおよその内容は把握でき，詳細は文献[13]などで述べられている．

実際には，プロジェクタの 2 次元座標系上の点 $\mathbf{p}_A$ に対応する，カメラの画像座標系上の点 $\mathbf{p}_C$ を見つける際には，画像の中から点 $\mathbf{p}_A$ に対応するコードワードが埋め込まれた局所パターン（テンプレート）を探す**テンプレートマッチング**（template matching）を用いる．

テンプレートと画像データの類似度を表す評価値にはいくつかあり，Kinect v1 では以下に示すような相互相関値 $C(u^i, u^j, v^i)$ を用いる[13]．

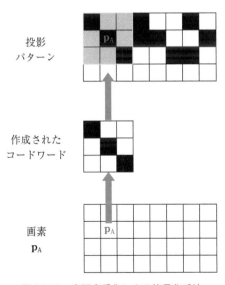

投影
パターン

作成された
コードワード

画素
$\mathbf{p}_A$

図 11.11 空間多重化による符号化手法

$$C(u^i, u^j, v^i) = \sum_{(u, v) \in W(u_A, v_A)} \Big(s(u - u_A^i, v - v_A^i) - \bar{s}(u_A^i, v_A^i) \Big) \Big(s(u - u_A^j, v - v_A^i) - \bar{s}(u_A^j, v_A^i) \Big)$$

$$= \begin{cases} 1 & (i = j) \\ 0 & (i \neq j) \end{cases} \tag{11.21}$$

ここで，$s(u, v)$ は投影されている局所パターンを表し，$W(u_A, v_A)$ は，点 (u_A, v_A) を中心とした空間多重化された局所パターンを表している．$\bar{s}(u_A, v_A) = \sum_{(u, v) \in W(u_A, v_A)} s(u - u_A, v - v_A)$は，点 (u_A, v_A) を中心とした空間多重化された局所パターン W の平均値である．Kinect v1 における空間多重化された局所パターン W のサイズは，7×7 画素や 9×9 画素といわれている．プロジェクタの 2 次元座標系上の点 $\mathbf{p}_A^i = (u_A^i \quad v_A^i)^\top$ に対応する，カメラの画像座標系上の点 $\mathbf{p}_A^j = (u_A^j \quad v_A^j)^\top$ を見つける際には，同一の水平線上で $\mathbf{p}_A^j$ の位置を変えながら，相互相関値 $C(u^i, u^j, v^i)$ を計算して，相互相関値が最大となる位置を見つけ，その位置にある点を対応点とする．相互相関値は，理想的な状況（観測される局所パターンにノイズなどが含まれない場合）では，$i = j$ で 1，$i \neq j$ で 0 となる．

　実際に，カメラ C で観測される画像上の点 $\mathbf{p}_C$ と，同一の水平線上にあるプロジェクタの 2 次元座標系における点 $\mathbf{p}_A$ に関して，式 (11.21) で示される相互相関値を計算すると，点 $\mathbf{p}_C$ と点 $\mathbf{p}_A$ が対応点となる位置のみで相互相関値が最大値となる．図 11.12 は，その様子を示している．

　実際には，点 $\mathbf{p}_C$ と点 $\mathbf{p}_A$ における局所パターン同士の相互相関値を高速に計算するために，以下で述べるような操作を施す（図 11.13）（文献 [13] 参照）．

　あらかじめ，深度値 z_{REF} の位置にカメラ C の光軸に垂直な平面を設置して，その平面にプロジェクタ A から空間多重化されたパターンを投影し，その画像を取得して，基準画像 I_{REF} とする．この画像の各部分は，既知の視差値 d_{REF} を有する局所パターンを表している．

　実際に計測する際には，プロジェクタ A からパターンを投影してカメラ C により取得した画像を I_C とすると，この画像 I_C と基準画像 I_{REF} の同一水平線上の点 $\mathbf{p} = (u \quad v)^\top$ と点 $\mathbf{p}_{\text{REF}} = (u_{\text{REF}} \quad v_{\text{REF}})^\top$ における局所パターン同士の相互相関値を計算することで対応点を発見する．こうして求めた対応点を

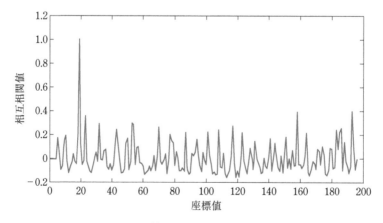

図 11.12　同一水平線上の点同士の相互相関値の変化の例

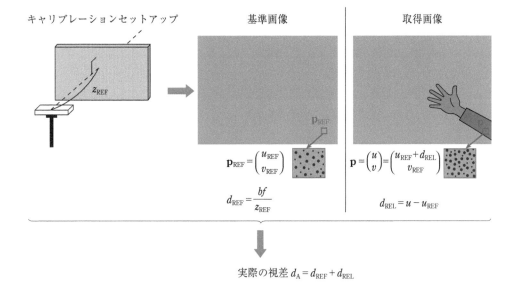

$$\mathbf{p}_{\mathrm{REF}} = \begin{pmatrix} u_{\mathrm{REF}} \\ v_{\mathrm{REF}} \end{pmatrix}$$

$$\mathbf{p} = \begin{pmatrix} u \\ v \end{pmatrix} = \begin{pmatrix} u_{\mathrm{REF}} + d_{\mathrm{REL}} \\ v_{\mathrm{REF}} \end{pmatrix}$$

$$d_{\mathrm{REF}} = \frac{bf}{z_{\mathrm{REF}}}$$

$$d_{\mathrm{REL}} = u - u_{\mathrm{REF}}$$

実際の視差 $d_{\mathrm{A}} = d_{\mathrm{REF}} + d_{\mathrm{REL}}$

図 11.13　実際の視差値の計算方法
（文献[13]を参考に作成）

もとにして計算した視差を d_{REL} とすると，式(11.22)が成り立つ.

$$v = v_{\mathrm{REF}}, \quad d_{\mathrm{REL}} = u - u_{\mathrm{REF}} \tag{11.22}$$

最終的に，実際の視差 d_{A} は，式(11.23)によって求める.

$$d_{\mathrm{A}} = d_{\mathrm{REL}} + d_{\mathrm{REF}} \tag{11.23}$$

実際のパターン投影型カメラを使用する際には，カメラ・プロジェクタ間のキャリブレーションや視差の実数値化などいくつかの課題がある. それらの課題に関しては，文献[13]を参照してほしい. パターン投影型カメラでは，各画素において視差値 d_{A} を推定し，深度値 $\widehat{z_A}$ を

$$\widehat{z_A} = \frac{bf}{d_{\mathrm{A}}} \tag{11.24}$$

で計算して，それらの値を行列形式で保存すると，観測した環境の3次元構造の2次元マップが得られる. この2次元マップがパターン投影型カメラの距離画像となる.

11.2.3　パターン投影型カメラの使用上の注意

　局所パターン分布が投影されカメラで取り込まれる過程における障害としては，以下のようなものが考えられる.

- 局所パターン分布が起伏のあるシーンに投影されるような状況では，投影された局所パターン分布をカメラで観測すると，透視投影変換による歪みが生じたパターン分布が観測されることになる.
- 局所パターン分布が投影されたシーンの表面特性によっては，その表面で反射した光をカメラで観

測すると，もとの投影された光の強度が反映されず，異なったパターン分布が観測されてしまう．

- 外光の影響によって，投影された局所パターン分布が弱められて，カメラで観測する際に異なったパターン分布として観測されてしまうということも起こる．

このような投影環境で取得された距離画像に保存されている距離データについては，誤差が含まれている可能性が高いため，注意して取り扱う必要がある．

11.3 さまざまな距離画像処理

　通常，距離画像では，図 11.14 右のように濃淡で距離（奥行き）が表現されているので，距離画像は濃淡画像として扱われることが多い．

　距離画像には，通常のカメラで取得した濃淡画像に比べて，次のような利点がある．

- 通常のカメラで観測した場合に，背景と対象物が同系色であったり，コントラストがないような状況下でも，各画素に保存されている距離の値を用いると容易に対象物体を分離・抽出することが可能である．このおかげで，距離画像を用いて，複雑な背景の中にある対象物の特定形状認識やジェスチャー認識が可能になる．
- 深度カメラはレーザ光を発しているため，通常のカメラに比べて明暗の影響を受けにくく，照明のない場所でも，安定して対象物までの距離の計測が可能である．
- 距離画像を用いただけでは，ある特定の人物を認識するのは困難であるので，対象物が人間である場合にプライバシーを保護して，人物の状態を認識することが可能になる．
- 距離画像に格納している距離情報をもとにして，空間内に立体的な検出領域を設定して，対象物を検出することが容易になる．

図 11.14　カラー画像（左）と距離画像（右）の例

以下では，これらの利点を活用するために必要な，距離画像特有の代表的な画像処理技術について紹介する．

11.3.1　距離画像の取得

深度カメラを用意できない場合には，以下のサイトから距離画像をダウンロードして利用するとよいだろう．利用する際にはデータ提供元の指示をよく読んで，その指示にしたがってほしい．

- Middlebury College 2006 Stereo Datasets（https://vision.middlebury.edu/stereo/data/scenes2006/）：
  3種類の照度，3種類の露出，7種類の視点で撮影された RGB 画像と距離画像のデータセット．RGB 画像は半径方向の歪み補正処理と平行化処理がなされている．

- RGB-D SLAM Dataset and Benchmark（https://vision.in.tum.de/data/datasets/rgbd-dataset）：
  Kinect で撮影された RGB 画像と距離画像の映像データセット．また，Kinect の加速度データとモーションキャプチャシステムによるカメラ位置も同時に記録されている．

- RGB-D Object Dataset（https://rgbd-dataset.cs.washington.edu/）：
  家庭用品 300 点の RGB 画像と距離画像のデータセット．オブジェクトはターンテーブル上に置いて全体が撮影されている．また，これらの家庭用品が配置されたオフィスや会議室，キッチンなどの室内環境の映像データもある．

- NYU Depth Dataset V2（https://cs.nyu.edu/~silberman/datasets/nyu_depth_v2.html）：
  Kinect の RGB カメラと Depth カメラで撮影された室内画像のデータセット．撮影された物体にはラベル付けされている．

- SUN RGB-D（https://rgbd.cs.princeton.edu/）：
  さまざまな物が置かれた部屋を 4 つの深度カメラで撮影した 1 万枚以上の RGB 画像と距離画像のデータセット．物体には 2 次元および 3 次元のバウンディングボックスでラベル付けがされており，部屋のレイアウトとシーンのカテゴリも含まれている．

- The KITTI Vision Benchmark Suite（http://www.cvlibs.net/datasets/kitti/index.php）：
  ステレオカメラとレーザスキャナ，GPS などを搭載した車でカールスルーエ（ドイツ）の都市周辺や農村部，高速道路を撮影したデータセット．

11.3.2 距離画像のカラー画像表示

距離画像からカラー画像を生成する1つの方法としては，第6章で紹介したトーンカーブによる擬似カラー処理がある．図6.17のようなトーンカーブを用いて，入力として距離画像の各画素に保存されている深度値を与え，出力として各画素に保存するRGB成分を求めることでカラー画像を生成できる．また，距離画像の深度値をHSV色空間における**色相**（hue）と**明度**（value）とし，**彩度**（saturation）は255とすることで擬似的にカラー画像を生成する方法もある．この方法では，紫→青→緑→黄→赤という色の変化により奥行き感を表現することができる（図11.15）．

11.3.3 プログラム例：HSV 色空間を用いた距離画像のカラー画像表示

▌C 言語

```
1  unsigned char img_h[];
2  unsigned char img_s[];
3  unsigned char img_v[];
4  for(int y = 0; y < height; y++) {
5    for(int x = 0; x < width; x++) {
6      img_h[y * width + x] = img_src[y * width + x];
7      img_s[y * width + x] = 255;
8      img_v[y * width + x] = img_src[y * width + x];
9    }
10 }
11
12 // HSV 色空間画像を RGB 色空間に変換する関数：HSV2RGB(img_h, img_s, img_v)
13 img_dst = HSV2RGB(img_h, img_s, img_v);
```

▌OpenCV と C++ 言語

```
1  Mat img_h, img_s, img_v, img_hsv;
2  Mat img_max = 255 * Mat::ones(img_src.size(), img_src.type());
3
4  img_src.copyTo(img_h); // H
5  img_max.copyTo(img_s); // S
6  img_src.copyTo(img_v); // V
7
8  merge(vector<Mat>{img_h, img_s, img_v}, img_hsv);
9  cvtColor(img_hsv, img_dst, COLOR_HSV2BGR_FULL);
```

本プログラムでは関数 cvtColor の第3引数に COLOR_HSV2BGR_FULL を用いている．COLOR_HSV2BGR を用いた場合，変換後の H の値は 0 ～ 179 となり，8 bit の色深度を有効に活用できない．COLOR_HSV2BGR_FULL を用いることで，H の値は 0 ～ 255 に変換されるため，8 bit の色深度全体を使った表現が可能になる．

```
1  rows, cols = img_src.shape[:2]
2  img_max = 255 * np.ones([rows, cols]).astype(np.uint8)
3
4  img_h = img_src # H
5  img_s = img_max # S
6  img_v = img_src # V
7
8  img_hsv = cv2.merge((img_h, img_s, img_v))
9  img_dst = cv2.cvtColor(img_hsv, cv2.COLOR_HSV2BGR_FULL)
```

▶ 処理結果

(a) 入力画像

(b) 出力画像

(c) カラー画像（参考）

図 11.15 距離画像のカラー画像表示例

11.3.4　セグメンテーション（領域分割処理）

セグメンテーションとは，画像中からある規則性を持った領域を抽出する処理である．ある範囲の画素値を1とし，それ以外の画素値を0として出力した距離画像は，深度カメラからある一定範囲内の距離に存在する対象物を抽出した画像となる．距離画像では，このような2値化処理によって**領域分割処理**を施すことが容易にできる．たとえば，**図 11.16** のようなトーンカーブを用いて距離画像に2値化処理を施すと，深度カメラからある一定範囲内 d（$\text{thresh}_1 \leq d \leq \text{thresh}_2$）の距離に存在する対象物の領域のみを抽出し，それ以外の部分は不要な部分として表示していない画像を生成することができる．

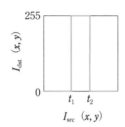

図 11.16　セグメンテーションのためのトーンカーブ

11.3.5　プログラム例：セグメンテーション

▌C 言語

```
1   int depth_min = 173;
2   int depth_max = 254;
3   for(int y = 0; y < height; y++) {
4     for(int x = 0; x < width; x++) {
5       if(depth_min <= img_src[y * width + x] && img_src[y * width + x] <= depth_max) {
6         img_dst[y * width + x] = 255;
7       } else {
8         img_dst[y * width + x] = 0;
9       }
10    }
11  }
```

▌OpenCV と C++ 言語

```
1   int depth_min = 173;
2   int depth_max = 254;
3   inRange(img_src, depth_min, depth_max, img_dst);
```

関数 inRange は特定の範囲の画素値を含む画素を抽出する．関数 inRange では，

- 第 1 引数：入力画像
- 第 2 引数：閾値 t_1
- 第 3 引数：閾値 t_2
- 第 4 引数：出力画像

を指定する．入力画像の画素値を $I_{src}(x, y)$，出力画像の画素値を $I_{dst}(x, y)$ とすると，関数 inRange は，2つの閾値 t_1, t_2 の間の画素値を持つものを残す処理を行う．つまり，

$$I_{dst}(x, y) = \begin{cases} 255 & (t_1 \leq I_{src}(x, y) \leq t_2) \\ 0 & (\text{otherwise}) \end{cases} \tag{11.25}$$

となる．

OpenCV と Python

```
1  depth_min = 173;
2  depth_max = 254;
3  img_dst = cv2.inRange(img_src, depth_min, depth_max)
```

▶ 処理結果

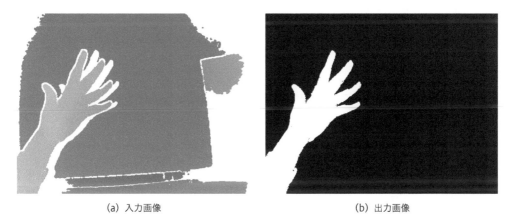

(a) 入力画像　　　　　　　　　　　　(b) 出力画像

図 11.17 セグメンテーションの例

11.3.6　距離画像の等高線抽出

濃度等高線表現は，ある画素における画素値をその位置における標高とみなす画像表現であり，各等高線は，ある画素値以上または，以下の画素を囲む閉曲線として表される．距離画像の各画素には深度値が保存されているので，距離画像を等高線表現すると深度カメラによって観測された環境の凹凸を視覚化できる．

11.3.7 プログラム例：等高線抽出

プログラム例では，画素値が 1 から 255 まで 5 ごとの等高線を抽出し重ねて描画している．

C 言語

```
 1  for(int i = 0; i <= 255; i++) {
 2    for(int y = 0; y < height; y++) {
 3      for(int x = 0; x < width; x++) {
 4        if(img_src[y * width + x] == i) {
 5          img_dst[y * width + x] = 255;
 6        } else {
 7          img_dst[y * width + x] = 0;
 8        }
 9      }
10    }
11  }
```

OpenCV と C++ 言語

```
 1  img_dst = Mat::zeros(img_src.size(), img_src.type());
 2
 3  for(int i = 1; i <= 255; i += 5) {
 4    Mat img_tmp;
 5    cout << i << endl;
 6    compare(img_src, i, img_tmp, CMP_EQ);
 7    bitwise_or(img_tmp, img_dst, img_dst);
 8  }
```

OpenCV では関数 compare を使えば実装できる．関数 compare では，

- 第 1 引数：入力画像
- 第 2 引数：比較する値
- 第 3 引数：出力画像
- 第 4 引数：比較方法

を指定する．第 4 引数に CMP_EQ を指定すれば，第 2 引数と同値の画素が 2 値画像として出力画像に出力される．

OpenCV と Python

```
 1  rows, cols = img_src.shape[:2]
 2  img_dst = np.zeros([rows, cols]).astype(np.uint8)
 3
 4  for i in range(1, 256, 5):
 5    print(i)
 6    img_tmp = cv2.compare(img_src, i, cv2.CMP_EQ)
 7    img_dst = cv2.bitwise_or(img_tmp, img_dst)
```

▶ 処理結果

距離画像では画像中央にある掲示板の凹凸は分かりにくいが，等高線を描画することで微妙な凹凸も検知できるようになる（**図 11.18**）.

(a) 入力画像

(b) 出力画像

(c) カラー画像（参考）

図 11.18 距離画像の等高線抽出例

11.3.8 ラベリング処理

濃淡画像を対象とした**ラベリング処理**では画素値が似ている領域を抽出するのに対して，距離画像を対象としたラベリング処理は，距離が似ている領域を抽出することになる.

11.3.9 プログラム例：ラベリング処理

C言語

```
1  unsigned char img_lab[];
2  int depth_min = 206;
3  int depth_max = 210;
4  for(int y = 0; y < height; y++) {
5    for(int x = 0; x < width; x++) {
6      if(depth_min <= img_src[y * width + x] && img_src[y * width + x] <= depth_max) {
7        img_dst[y * width + x] = 255;
8      } else {
9        img_dst[y * width + x] = 0;
10     }
11   }
12 }
13
14 // ラベリング関数 Labeling
15 nlabel = Labeling(img_dst, img_lab);
16 for(int i = 1; i <= nlabel; i++) {
17   for(int y = 0; y < height; y++) {
18     for(int x = 0; x < width; x++) {
19       if(img_lab[y * width + x] == i) {
20         img_dst[y * width + x] = 255;
21       } else {
22         img_dst[y * width + x] = 0;
23       }
24     }
25   }
26 }
```

OpenCV と C++ 言語

```
1  int depth_min = 206;
2  int depth_max = 210;
3  inRange(img_src, depth_min, depth_max, img_dst); // セグメンテーション
4
5  // ノイズ除去（収縮・膨張）
6  erode(img_dst, img_dst, Mat(), Point(-1, -1), 3);
7  dilate(img_dst, img_dst, Mat(), Point(-1, -1), 3);
8
9  // ラベリング
10 Mat img_lab;
11 int nlabel = connectedComponents(img_dst, img_lab);
12 for(int i = 1; i < nlabel; i++) {
13   Mat img_dst;
14   compare(img_lab, i, img_dst, CMP_EQ); // ラベル i を抜き出し
15   cout << i << " / " << (nlabel - 1) << endl;
```

```
16      imwrite("dst_" + to_string(i) + ".png", img_dst);
17      imshow(win_src, img_src);
18      imshow(win_dst, img_dst);
19      waitKey(0);
20    }
```

　関数 inRange を用いて距離画像から 206〜210 の範囲でセグメンテーションし，関数 erode，dilate でノイズを除去した後に関数 connectedComponents でラベリング処理している．関数 compare で各ラベル番号の画像を取り出して，PNG ファイルフォーマットで保存する．

▌OpenCV と Python

```
1   depth_min = 206;
2   depth_max = 210;
3   img_dst = cv2.inRange(img_src, depth_min, depth_max) # セグメンテーション
4
5   # ノイズ除去（収縮・膨張）
6   kernel = np.ones((3, 3)).astype(np.uint8)
7   img_dst = cv2.erode(img_dst, kernel, iterations = 2)
8   img_dst = cv2.dilate(img_dst, kernel, iterations = 2)
9
10  # ラベリング
11  nlabel, img_lab = cv2.connectedComponents(img_dst)
12  for i in range(1, nlabel, 1):
13    img_dst = cv2.compare(img_lab, i, cv2.CMP_EQ)
14    print(i, ' / ', (nlabel - 1))
15    cv2.imwrite('dst_' + str(i) + '.png', img_dst)
16    cv2.imshow('src', img_src)
17    cv2.imshow('dst', img_dst)
18    cv2.waitKey(0)
```

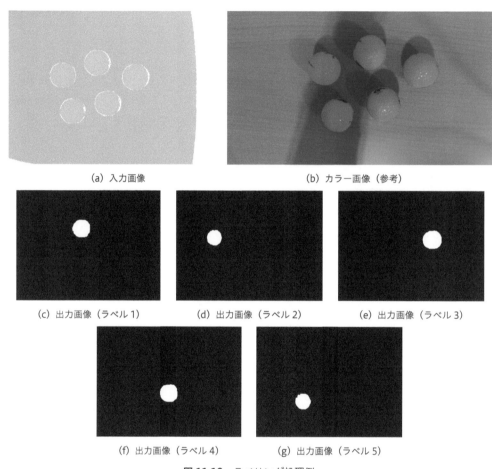

(a) 入力画像　　　　　　　　　　　　　　　　(b) カラー画像（参考）

(c) 出力画像（ラベル1）　　　(d) 出力画像（ラベル2）　　　(e) 出力画像（ラベル3）

(f) 出力画像（ラベル4）　　　(g) 出力画像（ラベル5）

図 11.19　ラベリング処理例

11.3.10　3次元プロット

　深度カメラの出力が距離画像である．たとえば，Kinect v1 から出力される距離画像は，そのサイズが 640×480 画素であり，各画素に 13 bit の値が保存されている．各画素に保存されている値は，深度カメラから被写体表面までの距離（奥行き）を mm 単位で表したものである．

　距離画像の各画素は被写体上の 1 点に対応しているので，各画素 (u, v) に保存されている距離の値 d から，深度カメラを中心とする 3 次元座標系において水平方向（X 軸），垂直方向（Y 軸），奥行き方向（Z 軸）の座標値 (X, Y, Z) を計算できる．

　画素に保存されている値 d は Z 軸に関する座標値に相当する．X 軸，Y 軸に関する座標値は (X, Y)，画像座標 (u, v) と深度カメラの水平・垂直方向の視野角および奥行き（Z 値）から，次のように求

めることができる.

被写体表面の点Pの深度カメラを中心とした3次元座標系における座標値を (X, Y, Z) とする.点Pは,距離画像上の点p (u, v) に投影される.距離画像平面は Z 軸に垂直で,深度カメラの中心から Z 軸方向に距離 f の位置で Z 軸と交わっている.図 11.20 は,XZ 平面内での点Pとその距離画像上の投影点pの位置関係を表している.このとき,深度カメラの水平方向の視野角を $2\theta_u$,距離画像のサイズを 640×480 ピクセルとすると,次式が成り立つ.

$$\tan \theta_u = \frac{320}{f}, \quad \frac{X}{Z} = \frac{u}{f} \tag{11.26}$$

これら2式から水平方向の位置座標 X は,次式のように求めることができる.

$$X = \frac{Zu \tan \theta_u}{320} \tag{11.27}$$

同様に,垂直方向の位置座標 Y は,次のように求めることができる.深度カメラの垂直方向の視野角を $2\theta_v$ とすると,

$$\tan \theta_v = \frac{240}{f}, \quad \frac{Y}{Z} = \frac{v}{f} \tag{11.28}$$

これら2式から垂直方向の位置座標 Y は,

$$Y = \frac{Zv \tan \theta_v}{240} \tag{11.29}$$

となる.

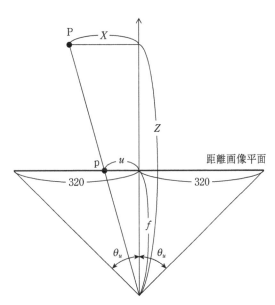

図 11.20 3次元プロットの計算

11.3.11 プログラム例：3次元プロット

前述の通り，距離画像から3次元座標系に変換するためには，カメラの焦点距離や視野角の情報が必要である．しかし，これらの値はカメラの仕様表に明記されないことが多い．焦点距離を自分で計測するのは非常に困難であるし，視野角を正確に計測するにはそれなりの機材が必要になる．

一方，最近の距離カメラでは，カメラ付属のSDKで距離画像から3次元座標への変換をサポートしているものが多い．そこで本書では，SDKを使って得られた**3次元点群（ポイントクラウド）**をフリーウェアのグラフ作成アプリケーション gnuplot[11]で描画する方法を紹介する．文献[11]から最新版のインストーラ（gp***-win64-mingw.exe，***はバージョン番号）をダウンロードして実行し，適当なフォルダにインストールする．`pointcloud.txt` には，各行に3つの数値（x座標，y座標，z座標）が距離画像の画素数分の行だけ記録されている．gnuplotで3次元プロットするには，`point-cloud.txt` をユーザのドキュメントフォルダにコピーしてから，gnuplotを起動して以下のコマンドを入力する．

```
unset key
set grid
set view equal xyz
set xlabel "x"
set ylabel "y"
set zlabel "z"
splot "pointcloud.txt" every 3:3 with dots
```

▶ **処理結果**

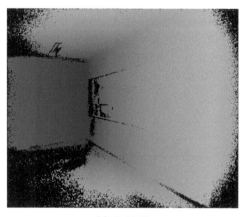

(a) 入力画像

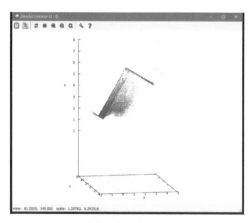

(b) 3次元プロット

図 11.21 3次元プロットの例

□ **1.** RGB-D カメラを用いて，カメラから，ある一定の距離に存在する領域を表示するプログラムを作成しなさい．

□ **2.** RGB-D カメラを用いて，カメラから，ある一定の距離に存在する領域の点群のデータを 3 次元表示するプログラムを作成しなさい．

□ **3.** RGB-D カメラを用いて，自分の手の指先の位置を求めるプログラムを作成しなさい（手のひらのカメラにかざして，手の領域を切り出し，その領域の輪郭線を求めて，輪郭線の曲率が極大になる位置を求める）．

図 11.25 実行例

□ **4.** RGB-D（Kinect）Object Dataset（https://rgbd-dataset.cs.washington.edu/）には多数のカラー画像と距離画像のセットが公開されている[12]．適当な画像を用いて，撮影された物体（椅子や帽子，コップなど）をセグメンテーションし，ラベリングして，個別に抽出せよ．

参考文献

[1] R. Lange : 3D Time-of-flight distance measurement with custom solid-state image sensors in CMOS/CCD-technology. PhD thesis, University of Siegen, 2000.

[2] G. Iddan and G. Yahav : G.: Three-dimentional imaging in the studio and elsewhere, In *SPIE, the International Society for Optics and Photonics*, pp. 48–55, 2001.

[3] G. Yahav, G. Iddan, and D. Mandelboum : 3D imaging camera for gaming application, In *International Conference on Consumer Electronics*, 2007.

[4] L. Pancheri, N. Massari, F. Borghetti, and D. Stoppa : A 32x32 SPAD pixel array with nanosecond gating and analog readout, In *2011 International Image Sensor Workshop*, 2011.

[5] J. Smisek, M. Jancosek, and T. Pajdla : 3D with Kinect : Consumer Depth Cameras for Computer Vision, 2011.

[6] K. Konolige and P. Mihelich : Technical description of kinect calibration, tech. rep., Willow Garage, pp. 3–25, 2011.

[7] B. Freedman, A. Shpunt, M. Machline, and Y. Arieli, "Depth mapping using projected patterns", Patent Application, 05 2010. US 2010/0118123 A1.

[8] J. Salvi, J. Pagès, and J. Batlle : Pattern codification strategies in structured light systems, Pattern Recognition, Vol. 37, No.4, pp. 827–849, 2004.

[9] T. Etzion : Constructions for perfect maps and pseudorandom arrays, IEEE Transactions on Information Theory,

Vol. 34, No. 5, pp. 1308-1316, 1988.

[10] K. Boyer and A. Kak : Color-encoded structured light for rapid active ranging, IEEE Transactions on Pattern Analysis and Machine Intelligence, Vol. 9, No. 1, pp. 14-28, 1987.

[11] gnuplot
https://sourceforge.net/projects/gnuplot/files/gnuplot/

[12] Kevin Lai, Liefeng Bo, Xiaofeng Ren, and Dieter Fox : A large-scale hierarchical multi-view RGB-D object dataset, In IEEE International Conference on Robotics and Automation, pp. 1817-1824, 2011.

[13] C. Mutto, P. Zanuttigh, and G. Cortelazzo : Time-of-flight cameras and Microsoft Kinect™, Springer, 2012.

OpenCV の
描画系関数

OpenCV にはさまざまな描画系の関数が用意されている．以下のプログラムでは，線分や矩形，円，文字列，マーカなどを描画している．プログラムを見れば容易に理解できると思うので，ここでは各関数の説明は割愛する．詳細は OpenCV のドキュメントを参照されたい．

▌ プログラムリスト A.1：描画関数（OpenCV と C++ 言語）

```
 1  #include <iostream>
 2  #include <opencv2/opencv.hpp>
 3  using namespace std;
 4  using namespace cv;
 5
 6  int main()
 7  {
 8      // 640x480 の黒い画像
 9      Mat img_src = Mat::zeros(Size(640, 480), CV_8UC3);
10
11      // 点 (0, 0) と点 (640, 480) を結ぶ太さ 5 の黄色の線分
12      line(img_src, Point(0, 0), Point(640, 480), Scalar(0, 255, 255), 5);
13      // 点 (200, 50) と点 (300, 50) を結ぶ太さ 5 の黄色の矢印
14      arrowedLine(img_src, Point(200, 50), Point(300, 50), Scalar(0, 255, 255),5);
15      // 左上座標 (100, 150)，幅 50，高さ 150，太さ 2 の赤色の矩形
16      rectangle(img_src, Rect(100, 150, 50, 150), Scalar(0, 0, 255), 2);
17      // 左上座標 (50, 350)，幅 200，高さ 50，塗りつぶしの赤色の矩形
18      rectangle(img_src, Rect(50, 350, 200, 50), Scalar(0, 0, 255), -1);
19      // 中心座標 (320, 240)，半径 100，太さ 3 の青色の円
20      circle(img_src, Point(320, 240), 100, Scalar(255, 0, 0), 3);
21      // 中心座標 (500, 100)，半径 50，塗りつぶしの青色の円
22      circle(img_src, Point(500, 100), 50, Scalar(255, 0, 0), -1);
23      // 中心座標 (550, 250)，幅 100，高さ 50，太さ 3 の 45 度傾いた青色の楕円
24      ellipse(img_src, RotatedRect(Point(550, 250), Size(100, 50), 45),
              Scalar(255, 0, 0), 3);
25      // 中心座標 (550, 250)，長径 100，短径 50，太さ 3 の 45 度傾いた青色の半円
26      ellipse(img_src, Point(550, 250), Size(100, 50), 45, 0, 180, Scalar(255, 0, 0), 3);
27      // 左下座標 (300, 450)，倍率 3，太さ 5 の水色の文字列 123
28      putText(img_src, "123", Point(300, 450), 0, 3, Scalar(255, 255, 0), 5);
29      // さまざまな形状の大きさ 10，太さ 2 の緑色のマーカ
30      drawMarker(img_src, Point(50, 20), Scalar(0, 255, 0), MARKER_CROSS, 10, 2);
```

```
31    drawMarker(img_src, Point(70, 20), Scalar(0, 255, 0), MARKER_TILTED_CROSS, 10, 2);
32    drawMarker(img_src, Point(90, 20), Scalar(0, 255, 0), MARKER_STAR, 10, 2);
33    drawMarker(img_src, Point(110, 20), Scalar(0, 255, 0), MARKER_DIAMOND, 10, 2);
34    drawMarker(img_src, Point(130, 20), Scalar(0, 255, 0), MARKER_SQUARE, 10, 2);
35    drawMarker(img_src, Point(150, 20), Scalar(0, 255, 0), MARKER_TRIANGLE_UP, 10, 2);
36    drawMarker(img_src, Point(170, 20), Scalar(0, 255, 0), MARKER_TRIANGLE_DOWN, 10, 2);
37    // 表示
38    namedWindow("src", WINDOW_AUTOSIZE);
39    imshow("src", img_src);
40    // キー入力待ち
41    waitKey(0);
42
43    return 0;
44  }
```

プログラムリスト A.2：描画関数（OpenCV と Python）

```
1   import cv2
2   import numpy as np
3
4   # 640x480 の黒い画像
5   img_src = np.zeros((480, 640, 3)).astype(np.uint8)
6
7   # 点 (0, 0) と点 (640, 480) を結ぶ太さ 5 の黄色の線分
8   cv2.line(img_src, (0, 0), (640, 480), (0, 255, 255), 5)
9   # 点 (200, 50) と点 (300, 50) を結ぶ太さ 5 の黄色の矢印
10  cv2.arrowedLine(img_src, (200, 50), (300, 50), (0, 255, 255), 5)
11  # 左上座標 (100, 150), 幅 50, 高さ 150, 太さ 2 の赤色の矩形
12  cv2.rectangle(img_src, (100, 150, 50, 150), (0, 0, 255), 2)
13  # 左上座標 (50, 350), 幅 200, 高さ 50, 塗りつぶしの赤色の矩形
14  cv2.rectangle(img_src, (50, 350, 200, 50), (0, 0, 255), -1)
15  # 中心座標 (320, 240), 半径 100, 太さ 3 の青色の円
16  cv2.circle(img_src, (320, 240), 100, (255, 0, 0), 3)
17  # 中心座標 (500, 100), 半径 50, 塗りつぶしの青色の円
18  cv2.circle(img_src, (500, 100), 50, (255, 0, 0), -1)
19  # 中心座標 (550, 250), 幅 100, 高さ 50, 太さ 3 の 45 度傾いた青色の楕円
20  cv2.ellipse(img_src, ((550, 250), (100, 50), 45), (255, 0, 0), 3)
21  # 中心座標 (550, 250), 長径 100, 短径 50, 太さ 3 の 45 度傾いた青色の半円
22  cv2.ellipse(img_src, (550, 250), (100, 50), 45, 0, 180, (255, 0, 0), 3)
23  # 左下座標 (300, 450), 倍率 3, 太さ 5 の水色の文字列 123
24  cv2.putText(img_src, "123", (300, 450), 0, 3, (255, 255, 0), 5)
25  # さまざまな形状の大きさ 10, 太さ 2 の緑色のマーカ
26  cv2.drawMarker(img_src, (50, 20), (0, 255, 0), cv2.MARKER_CROSS, 10, 2)
27  cv2.drawMarker(img_src, (70, 20), (0, 255, 0), cv2.MARKER_TILTED_CROSS, 10, 2)
28  cv2.drawMarker(img_src, (90, 20), (0, 255, 0), cv2.MARKER_STAR, 10, 2)
29  cv2.drawMarker(img_src, (110, 20), (0, 255, 0), cv2.MARKER_DIAMOND, 10, 2)
30  cv2.drawMarker(img_src, (130, 20), (0, 255, 0), cv2.MARKER_SQUARE, 10, 2)
31  cv2.drawMarker(img_src, (150, 20), (0, 255, 0), cv2.MARKER_TRIANGLE_UP, 10, 2)
32  cv2.drawMarker(img_src, (170, 20), (0, 255, 0), cv2.MARKER_TRIANGLE_DOWN, 10, 2)
```

```
33
34  # 表示
35  cv2.namedWindow('src')
36  cv2.imshow('src', img_src)
37  # キー入力待ち
38  cv2.waitKey(0)
39
40  cv2.destroyAllWindows()
```

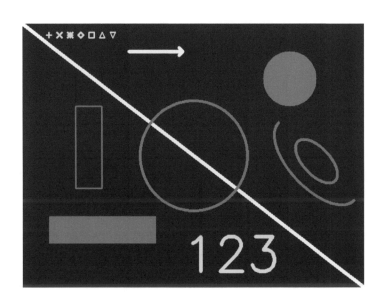

図 A.1 OpenCV の描画系関数

Appendix B

OpenCV をソースからビルドする

バイナリ版の OpenCV では無効になっている機能が存在したり，逆に不要な機能が含まれていて無駄にメモリを消費してしまうこともある．必要な機能を取捨選択してビルドし直すことで，最適なOpenCV を手に入れることができる．

そこでここでは，OpenCVの基本的なビルド手順を紹介する．ビルドするにはCMakeが必要である．CMake は環境に合わせてビルド設定を生成してくれるツールである．https://cmake.org/download/から Latest Release の Windows x64 Installer をダウンロードし，インストールすること．また，OpenCV 自体は c:¥OpenCV4.5.5 にインストールされているものとする．ただし以下の手順はプロキシ環境下では失敗する場合があるので留意されたい．

1. cmake-gui.exe を実行して，Where is the source code に C:/OpenCV4.5.5/sources，Where to build the binaries に C:/OpenCV4.5.5/build を設定した後，Configure をクリックする（図 B.1）．

図 B.1 CMake の設定

2. 別のウインドウが現れるので，Specify the generator for this project に Visual Studio 17 2022，Optional Platform for generator に x64，Use default native compilers を選択して，Finish を

クリックする.

3. 1分程度, CMake の処理が進み, 完了すると CMake のウインドウが赤い状態 (エラーあり) になる.

4. 以下の項目を探して, これらのチェックを外した後, 再度 Configure をクリックすると, 赤い項目がすべて消える (元々チェックが入っていない場合もある).

```
BUILD_PERF_TESTS
BUILD_TESTS
WITH_CUDA
WITH_EIGEN
WITH_VTK
```

5. Generate をクリックすると, Generating done が表示されると同時に, Open Project ボタンが押せる状態になるので, これをクリックする.

6. Visual Studio 2022 が開くので, ソリューションエクスプローラー > CMakeTargets > INSTALL を右クリックして, 「スタートアッププロジェクトに設定」をクリックする. もしソリューションエクスプローラーが表示されていない場合には, メニュー > 表示 > ソリューションエクスプローラーをクリックすればよい.

7. ソリューション構成を Release に設定し, メニュー > ビルド > ソリューションのビルドをクリックするとビルドが開始する. コンピュータの性能にもよるが, ビルドが完了するまで10分程度かかる. ビルド終了時に出力に「0 失敗」と表示されていれば問題なくビルドできており,
`C:¥OpenCV4.5.5¥build¥bin¥Release¥` に opencv_*455.dll,
`C:¥OpenCV4.5.5¥build¥lib¥Release¥` に opencv_*455.lib
という名前のファイルが多数できている.

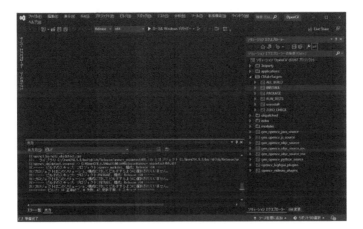

図 B.2　ビルド完了

8. 同様に，ソリューション構成を Debug に設定してビルドし，問題なく完了すれば，

C:¥OpenCV4.5.5¥build¥bin¥Debug¥ に opencv_*455d.dll,

C:¥OpenCV4.5.5¥build¥lib¥Debug¥ に opencv_*455d.lib

という名前のファイルが多数できている．

　以上でビルドは完了である（**図 B.2**）．あとは必要に応じて，2 章で述べた環境変数 PATH や Visual Studio のライブラリ設定を行えばよい．

OpenCV メインモジュール概説

表 C.1　OpenCV メインモジュール

モジュール名	内容
core	他のすべてのモジュールから利用される基本的なデータ構造や関数を含む.
imgproc	画像フィルタ，幾何学変換，色空間変換，ヒストグラム，図形描画などの関数を含む.
imgcodecs	画像ファイルを読み書きするための関数を含む.
videoio	カメラや動画ファイル，連続した画像などの読み込み，動画ファイルへ書き出しのための関数を含む.
highgui	ウインドウ操作やマウス操作，トラックバーのユーザインタフェースを扱うための関数を含む.
video	背景差分やオプティカルフロー，カルマンフィルタなどの動き検出や物体追跡アルゴリズムなどの動画解析のための関数を含む.
calib3d	基本的な多視点幾何アルゴリズム，単体カメラやステレオカメラ，魚眼カメラのキャリブレーション，物体の姿勢推定，ステレオ対応点アルゴリズムなどの関数を含む.
features2d	代表的な特徴検出アルゴリズムや特徴マッチング・キーポイントの描画などの関数を含む.
objdetect	カスケード分類器やHOG特徴，DNNによる物体検出と，QRコードの検出や生成などの関数を含む.
dnn	学習済みモデルをロードするための関数を含む．ネットワークの学習は原始的にサポートされていない.
ml	統計的分類，回帰，データのクラスタリングなどの機械学習のための関数を含む.
flann	クラスタリングや多次元空間の探索を行うためのk-近傍探索の高速な近似手法（Fast Library for Approximate Nearest Neighbors）のための関数を含む.
photo	コンピュテーショナルフォトグラフィに関する不要部分除去（inpainting）やHDR（High Dynamic Range）画像生成などのための関数を含む.
stitching	パノラマ画像生成のための関数を含む.
gapi	Graph APIは画像処理を高速かつポータブルにすることを目的とした特別なモジュールで，グラフを使って画像処理を構成・実行するためのフレームワークを提供する.

索引

欧文

API 66

bit 深度 54, 70

BMP ファイルフォーマット 58

bpp 70

bps 61

C++ 言語

　〜で開発する 11

　〜での開発環境 28

Canny のエッジ検出アルゴリズム 144

CCD イメージセンサ 47

CMake 242

CMOS イメージセンサ 47

CMYK 色空間 87

CW 強度変調法 212

fps 61

Gaussian オペレータ 131

GIF 58

GigE Vision カメラ 66

H.262 ファイルフォーマット 63

H.264 ファイルフォーマット 63

HEIC 59

HEIF 59

Homebrew のインストール 27

HSV 色空間 90

IEEE 1394 カメラ 66

JPEG ファイルフォーマット 59

Light coding 技術 220

Mat クラス 77

Motion JPEG ファイルフォーマット 62

MPEG-1 ファイルフォーマット 62

MPEG-2 ファイルフォーマット 63

MPEG-4 ファイルフォーマット 63

NTSC カメラ 66

OpenCV 7

　〜のインストール 11, 28

　Windows で〜を使う 11

　Mac（macOS）で〜を使う 27

　Google Colaboratory で〜を使う 34

PGM ファイルフォーマット 73

PNG ファイルフォーマット 59

PPM ファイルフォーマット 74

Python 言語

　〜で開発する 22

　〜での開発環境 32

RAW フォーマット 55

RGB-D カメラ 53

RGB 色空間 87

RGB データ 87

RGB フォーマット 54

Sobel オペレータ 139

SPAD 法 212

TIFF 58

TOF 型カメラ 53, 211

TOF センサ 211

USB カメラ 66

Visual Studio

　〜 の設定 13

　〜 Code のインストール 28

YCbCr 色空間 89

YUV411	57
YUV422	57
YUV444	57
YUV色空間	89
YUVデータ	87
YUVフォーマット	56

あ

圧縮率	61
アナログインタフェース	64
アナログ信号	64
アフィン変換	201
アルファブレンディング	176
アンシャープ処理	147
アンダーシュート	144

い

位相	54, 212
1bit画像	71
移動平均オペレータ	130
イメージスキャナ	47, 52
色空間	87
色消しレンズ	50
色深度	70
色変換処理	55
インターレース	61
インデックスカラー画像	72

う

動き補償	61
動き補償フレーム間予測	61

え

映像	60
映像インタフェース	64
エッジ検出フィルタ処理	136

エリアイメージセンサ	47, 48
円形度	163
エンコード	63

お

オーバーシュート	144
オープニング	158
オペレータ	129
折れ線型トーンカーブ	106

か

カーネル	129
外接長方形	161
解像度	70, 81
解像度チャート	48
階調変換関数	105
回転変換	190
可逆圧縮方式	58
拡大変換	190
加重平均オペレータ	131
画素	48, 70
画像間演算	175
画像処理	7
画素値	54, 70
加法混色	87
カラー画像	54
カラーマップ	72
慣性主軸	167
桿体	5
ガンマ変換	106

き

擬似カラー処理	114
擬似濃淡処理	122
嗅覚	3
鏡映変換	191

行列型 TOF カメラ 212

距離画像 53

く

空間多重化による符号化法 221

空間フィルタ処理 129

グレースケール画像 54

クロージング 158

クロマキー合成 177, 179

け

形状特徴パラメータ 161

減法混色 87

こ

光学シャッター方式 212

コーデック 63

コードワード 220

五感 3

誤差拡散ディザリング 123

コンテナ 63

コントラスト 117

コンピュータビジョン 7

コンポーネント信号 64

コンポジット信号 64

さ

最近傍法 194

彩度 90, 226

再標本化 194

座標系 72

3 次元点群 236

3 板式デジタルカメラ 50

サンプリング定理 70

し

視覚 3

閾値処理 149

色差 89

色相 90, 226

視差 218

視細胞 5

射影変換 207

シャノンの標本化定理 70

周囲長 163

収縮処理 154

重心 167

16bit カラー画像 72

縮小変換 190

受光素子 48

主軸 167

主軸角度 167

主走査方向 52

触覚 3

深度画像 53

深度カメラ 53

深度値 53, 215

す

錐体 5

せ

静止画像 58

積和演算 129

セグメンテーション 228

鮮鋭化 144

鮮鋭化フィルタ処理 144

線形フィルタ処理 129

線形変換 189

せん断変形 192

そ

双 1 次補間法 195

双 3 次補間法 196

組織的ディザリング 124

ソラリゼーション 113

た

対応点探索問題 220

畳み込み演算 129

縦横比 161

単板式デジタルカメラ 51

ち

チャンネル 97

中央値フィルタ処理 135

聴覚 3

て

ディザ行列 124, 128

ディザリング 122

デコード 63

デジタルインタフェース 64

デジタル化 69

デジタルカメラ 47

デジタル信号 64

デモザイキング処理 55

テンプレートマッチング 221

と

動画像 60

同次座標 201

トーンカーブ 105

度数 97

度数分布表 97

トラックバー 109

トラブルシューティング 20

な

ナイキスト間隔 70

ナイキスト周波数 70

に

2 次微分オペレータ 142

24bit カラー画像 72

2 値化処理 122, 149

2 値画像 71, 122, 149

ね

ネガポジ変換 111

の

濃淡画像 54, 97

能動的三角測量 219

濃度等高線表現 229

は

ハイカラー画像 72

背景差分 182

バイラテラルオペレータ 133

配列 75

パターン投影型カメラ 53, 217

8bit 画像 71

8bit 量子化 54

ひ

非圧縮方式 58

非可逆圧縮方式 58

ピクセル 70

ヒストグラム 97

ヒストグラム均一化 102

非線形フィルタ処理 129

ビットレート 61

ひな形プログラム 79, 83

微分オペレータ 137

描画方式 61

標本化 54, 70

標本化間隔 70

ふ

副走査方向 52

フレーム間差分 185

フレームグラバ 66

フレームレート 61

プログレッシブ 61

ブロブ 161

へ

平滑化フィルタ処理 130

平均化オペレータ 130

ベイヤーパターン 51

変換行列 189

ほ

ポイントクラウド 236

膨張処理 154

補間 194

ポスタリゼーション 114

ボックスオペレータ 132

ま

マジックナンバー 73, 75

マスク画像 177

マスク合成 177

マスク処理 152, 177

み

味覚 3

め

明度 90, 226

明度調整 115

面積 163

も

モノクロ画像 54

モルフォロジー演算 154

ら

ラベリング 170

ラベリング処理 231

ランタイムリセット 35

ランダムディザリング 122

り

離散コサイン変換 61

リニアイメージセンサ 52

領域分割処理 228

量子化 54, 70

量子化レベル 54

る

累積度数 102

ルックアップテーブル 105

れ

レンズ収差 49

プログラミング関連用語索引

A

absdiff() 184

addWeighted() 177

arcLength() 166

B

bilateralFilter() 133

bitwise_and() 181

bitwise_not() 181

bitwise_or() 181

blur() 132

boundingRect() 162

C

calcHist() 100

calib3d 245

CAP_PROP_FRAME_HEIGHT 81

CAP_PROP_FRAME_WIDTH 81

CHAIN_APPROX_NONE 166

CHAIN_APPROX_SIMPLE 166

channels() 78

CMP_EQ 174, 230

CMP_GE 174

CMP_GT 174

CMP_LE 174

CMP_LT 174

CMP_NE 174

COLOR_BGR2GRAY 96

COLOR_BGR2HLS 95

COLOR_BGR2HSV 95

COLOR_BGR2Lab 95

COLOR_BGR2Luv 95

COLOR_BGR2XYZ 95

COLOR_BGR2YCrCb 95

COLOR_HSV2BGR 226

COLOR_HSV2BGR_FULL 226

cols 78

compare() 174, 230, 233

connectedComponents() 173, 233

contourArea() 166

ConvertScaleAbs() 141

convertTo() 112

copyTo() 153

core 245

createTrackbar() 109

cv2_imshow() 41

cvtColor() 42, 94, 226

D

data 78

depth() 78

dilate() 156, 233

dnn 245

dst 86

E

equalizeHist() 103

erode() 156, 233

F

features2d 245

filter2D() 146

findContours() 165

flann 245

flip() 80

G

gapi 245

GaussianBlur() 133

getPerspectiveTransform() 208

getRotationMatrix2D() 206

getTrackbar() 109

H

height 162

highgui 245

hist[] 103

I

img 86

img_hst 99

img_msk[] 152

imgcodecs 245

imgproc 245

imread() 42

imshow() 41, 42

inRange() 228, 233

INTER_AREA 205, 209

INTER_CUBIC 205, 209

INTER_LANCZOS4 .... 205, 209

INTER_LINEAR 205, 209

INTER_NEAREST 205, 209

L

Laplacian() 143

line() 100

LUT() 108, 116, 118, 121

M

medianBlur() 136

merge() 89

minMaxLoc() 100

ml 245

moments() 169

MORPH_BLACKHAT 159

MORPH_CLOSE 158

MORPH_GRADIENT 158

MORPH_OPEN 158

MORPH_TOPHAT 159

morphologyEx() 158

N

NORM_MINMAX 118

normalize() 118

O

objdetect 245

P

photo 245

R

RETR_CCOMP 166

RETR_EXTERNAL 165

RETR_LIST 165

RETR_TREE 166

rand() 124

rows 78

S

set() 81

Sobel() 140

split() 89

src 86

step 78

stitching.. 245

T

thresh 123

THRESH_BINARY.. 150

THRESH_BINARY_INV...................................... 150

THRESH_TOZERO 151

THRESH_TOZERO_INV 151

THRESH_TRUNC... 150

threshold() 150

type() 78

V

video 245

videoio 245

W

warpAffine() 205

warpPerspective() 209

width.. 162

著者紹介

小枝正直 博士（工学）
こえだまさなお

- 2005 年 奈良先端科学技術大学院大学情報科学研究科情報システム学専攻
  博士後期課程修了
- 現　在 岡山県立大学情報工学部 准教授
- 著　書 『OpenCV3 プログラミングブック』マイナビ（2015）

上田悦子 博士（工学）
うえだえつこ

- 2003 年 奈良先端科学技術大学院大学情報科学研究科情報システム学専攻
  博士後期課程修了
- 現　在 鹿児島工業高等専門学校 校長
- 著　書 『これからのロボットプログラミング入門　第2版』講談社（2022）

中村恭之 博士（工学）
なかむらたかゆき

- 1996 年 大阪大学大学院工学研究科電子制御機械工学専攻博士後期課程修了
- 現　在 和歌山大学システム工学部 教授
- 著　書 『OpenCV によるコンピュータービジョン・機械学習入門』講談社（2017）

NDC007.64　　267p　　24cm

OpenCV による画像処理入門　改訂第3版
オープンシーヴィ　　がぞうしょりにゅうもん　　かいていだいさんはん

2022 年 12 月 6 日　第 1 刷発行
2024 年 5 月 17 日　第 4 刷発行

著　者　小枝正直・上田悦子・中村恭之
　　　　こえだまさなお　うえだえつこ　なかむらたかゆき

発行者　森田浩章

発行所　株式会社　講談社
　　　　〒112-8001　東京都文京区音羽 2-12-21
　　　　　　販　売　(03) 5395-4415
　　　　　　業　務　(03) 5395-3615

KODANSHA

編　集　株式会社　講談社サイエンティフィク
　　　　代表　堀越俊一
　　　　〒162-0825　東京都新宿区神楽坂 2-14　ノービィビル
　　　　　　編　集　(03) 3235-3701

本文データ制作　株式会社　双文社印刷
印刷・製本　株式会社　ＫＰＳプロダクツ

機械学習プロフェッショナルシリーズ

機械学習のための確率と統計　　　杉山 将／著　　　　　　　定価 2,640 円

深層学習　改訂第 2 版　　　岡谷貴之／著　　　　　　　　　定価 3,300 円

オンライン機械学習　　　海野裕也・岡野原大輔・得居誠也・徳永拓之／著　　定価 3,080 円

トピックモデル　　　岩田具治／著　　　　　　　　　　　　定価 3,080 円

統計的学習理論　　　金森敬文／著　　　　　　　　　　　　定価 3,080 円

サポートベクトルマシン　　　竹内一郎・烏山昌幸／著　　　定価 3,080 円

確率的最適化　　　鈴木大慈／著　　　　　　　　　　　　　定価 3,080 円

異常検知と変化検知　　　井手 剛・杉山 将／著　　　　　　定価 3,080 円

劣モジュラ最適化と機械学習　　　河原吉伸・永野清仁／著　定価 3,080 円

スパース性に基づく機械学習　　　冨岡亮太／著　　　　　　定価 3,080 円

生命情報処理における機械学習　　　瀬々 潤・浜田道昭／著　定価 3,080 円

ヒューマンコンピュテーションとクラウドソーシング　　　鹿島久嗣・小山 聡・馬場雪乃／著　定価 2,640 円

変分ベイズ学習　　　中島伸一／著　　　　　　　　　　　　定価 3,080 円

ノンパラメトリックベイズ　　　佐藤一誠／著　　　　　　　定価 3,080 円

グラフィカルモデル　　　渡辺有祐／著　　　　　　　　　　定価 3,080 円

バンディット問題の理論とアルゴリズム　　　本多淳也・中村篤祥／著　定価 3,080 円

ウェブデータの機械学習　　　ダヌシカ ボレガラ・岡﨑直観・前原貴憲／著　定価 3,080 円

データ解析におけるプライバシー保護　　　佐久間 淳／著　　定価 3,300 円

機械学習のための連続最適化　　　金森敬文・鈴木大慈・竹内一郎・佐藤一誠／著　定価 3,520 円

関係データ学習　　　石黒勝彦・林 浩平／著　　　　　　　定価 3,080 円

オンライン予測　　　畑埜晃平・瀧本英二／著　　　　　　　定価 3,080 円

画像認識　　　原田達也／著　　　　　　　　　　　　　　　定価 3,300 円

深層学習による自然言語処理　　　坪井祐太・海野裕也・鈴木 潤／著　定価 3,300 円

統計的因果探索　　　清水昌平／著　　　　　　　　　　　　定価 3,080 円

イラストで学ぶ 情報理論の考え方　　　植松友彦／著　　　　定価 2,640 円

イラストで学ぶ 機械学習　　　杉山 将／著　　　　　　　　定価 3,080 円

イラストで学ぶ 人工知能概論　改訂第 2 版　　　谷口忠大／著　定価 2,860 円

イラストで学ぶ 音声認識　　　荒木雅弘／著　　　　　　　　定価 2,860 円

イラストで学ぶ ディープラーニング　改訂第 2 版　　　山下隆義／著　定価 2,860 円

※表示価格は消費税（10%）込みの価格です。　　　　　「2024 年 4 月現在」

講談社サイエンティフィク　　https://www.kspub.co.jp/